字說絲綢

李建华 主编

大家好，我是汉字先生，
最近我有个新发现，
原来我和丝绸姑娘的
缘分是几千年前就注定的耶
汉字
大家好，我是丝绸姑娘，
想了解我和汉字先生的前世今生吗？
那就请仔细品读我与汉字先生
倾情演绎的《字说丝绸》吧！

目录/Catalog

一 礼仪篇

二 动态篇

三 品类篇

四 生活篇

五 装饰篇

序

丝绸的历史脉络

—— 曹景行

曹景行

原凤凰卫视资讯台副台长，清华大学新闻与传播学院高级访问学者，资深媒体人，时事评论家。

早先从上海坐火车去杭州，每次经过一个叫做笕桥的小站，就知道杭州快到了。后来看了一些抗战史料，又知道那里原来有一个笕桥机场，1937年813淞沪战役爆发的第二天，咱们中国的空军就从这个机场起飞截击日寇来侵战机，首战告捷。

但笕桥的名字究竟从何而来？去年认识李建华兄后才得到答案。他说，笕桥原来就是“茧桥”，当年蚕茧贸易的集散中心。除了茧桥，附近好多地名都与丝绸生产有关，比如机神村、乔司镇等，把它们串联起来，可以看出早年杭嘉湖地区丝绸业的盛景。

李建华兄对此独有研究，不仅因为他主管的万事利集团就在今天的笕桥，更因为他实在对中国的丝绸着迷。他学丝绸技术，做丝绸产业，研发丝绸产品，更想让今天的国人和世界重新认识到丝绸之精美。从奥运会、亚运会、清华百年到全国残运会，他和万事利都用自己的丝绸制品为这些盛事增添了光彩，显示出柔软的力量。

他还多次提及，应该重新拍摄一套丝绸之路的专题片，由古及今。用什么来贯穿这几千年的脉络？或许可以从文字着手。他说，汉字中有将近800个都与丝绸相关。真有那么多么？是的，因为所有绞丝旁的汉字都源于丝绸，他可以一个个解释给你听。

前不久我请建华兄到石家庄，上了河北卫视的《读书》节目，专门同观众探讨汉字同丝绸的关系。现场参加节目录制的大学生饶有兴趣地写出了一个个带有绞丝旁的单字，建华兄一一作了解答。我凑一把热闹，在一张白纸上写了“總统”二字，难道与丝绸也有关联？还真的有关。具体如何解释，本书中自可找到。

还有今天很流行的“纠结”，又如何同丝绸纠结在一起呢？打开《柔软的力量之字说丝绸》就知道。

礼仪篇

字说丝绸

古语有云：化干戈为玉帛，这里的玉帛指的是礼尚往来，中国是古老的礼仪之邦，丝绸是礼仪的象征和载体。对本篇章汉字的研究可以发现，丝绸几乎贯穿于古人所有的礼仪活动，如婚丧、祭祀、宴请、结盟、送礼等等。

002

币 Bi

造字本义：古人作为高级礼物的小块丝巾。

考证：篆文的币在“巾”上加一横，表示特殊丝帛；《说文解字》中云：“币者，帛也，帛者，繒也《注》币帛，所以赠劳宾客者。”

今义：金币、银币、纸币、人民币，指通货手段，从商品中分离出来固定地充当一般等价物的商品。

故事：在手工纺织时代的早期，精致的丝帛极为宝贵，以致于成为财富的象征，高级丝绸多用于送礼，后渐渐作为一种商品交换的媒介，等同于现在的货币，可以说丝绸是古代流通较早较普遍的一种货币。后也引申为“赠送”之意。

丝绸作为货币可以追溯到魏晋南北朝，那时候官员们的官饷都是用帛，到了隋唐商品交换经济复苏，布帛仍是法定流通货币。由于货币的本质是一般等价物，具有价值尺度、流通手段、支付手段、贮藏手段、世界货币的职能，古代中国满足这一条件的商品只有丝绸，所以从这个角度说丝绸是货币的本源。

字形演变

篆文	隶书	繁体	简体
		幣	币

004

Zong

总

造字本义：告别童年、进入少年时代的男孩将散发用丝绸系扎成一束。

考证：篆文的"总"左边为"丝"旁，表示和丝绸的关系，右边的下半部分为"小人"，表示尚未成年的人，上半部分表示将什么捆绑成一束。《说文解字》云："总，聚束也。"

今义：将分散的东西聚集、捆绑到一起，比如归总、总结等。

故事：古代的成年礼本意是为了禁止与未成年的异性通婚。冠礼是成年礼的一种高级和代表性形式，也可以说是对成年人婚姻资格的一种道德审查。冠礼即是跨入成年人行列的男子加冠礼仪。冠礼从氏族社会盛行的成丁礼演变而来，一直延续至明代。具体的仪式是由受礼者在宗庙中将头发盘起来，戴上礼帽。与男子的冠礼相对，女子的成年礼叫笄礼，也叫加笄，在15岁时举行，就是由女孩的家长替她把头发盘结起来，加上一根簪子；改变发式表示从此结束少女时代，可以嫁人了。

■ 字形演变

篆文	隶书	繁体	简体
總	總	總	总

006

绍

Shao

造字本义：礼仪上牵引用的长条绸缎。

考证：甲骨文的“绍”字，左边为“系“表示一丝绳，右边表示一个人牵着丝绳，“糸”与“召”联合起来表示“引带”、“牵索”。

今义：介绍，表示两个陌生人之间，通过某种事物，建立一种联系。

故事：古时男女结婚时，新娘被头盖布蒙着头和脸，看不见路，需要新郎牵引。而双方在拜天地父母之前，还不算一家人，不能用手直接相牵，只能用一条帛带相连，这条帛带就是“绍”。新郎借助帛带引导新娘走向婚礼的殿堂，履行婚礼仪式后，大家正式由陌生人变成一家人。后人根据“绍”这一特征，将“绍”字引申为介绍的意思，通过介绍，让两个原本陌生的人和事物变得熟悉起来。

■ 字形演变

008

结

Jie

造字本义：古代婚庆仪式上，新郎用一根红绸带拉着新娘入洞房，红绸带中间穿成死疙瘩，象征彼此永结同心，姻缘已牢牢联接，不可分解。

考证：金文的“结”，左边为“丝”旁，右边为“吉”字，表示吉庆、吉祥、喜庆的事情。

今义：表示条状物打成的疙瘩，结拜、结婚，表示两个个体联系到一起。

故事：在古典文学中，″结″一直象征着青年男女的缠绵情思，人类的情感有多么丰富多彩，“结”就有多么千变万化。“结”在漫长的演变过程中，被多愁善感的人们赋予了各种情感愿望。托结寓意，在汉语中，许多具有向心性聚体的要事几乎都用“结”字作喻，如：结义、结社、结拜、结盟、团结等等。而男女之间的婚姻大事，也均以“结”表达，如：结亲、结发、结婚、结合等。结是事物的开始，有始就有终，于是便有了“结果”、“结局”、“结束”。“同心结”自古以来就成为男女间表示海誓山盟的爱情信物，而“结发夫妻”也源于古人洞房花烛之夜，男女双方各取一撮长发相结以誓爱情永恒的行为。

■ 字形演变

金文	篆文	隶书	繁体	简体
結	結	結	結	结

010

Shen

绅

造字本义：已婚人士束在衣外的宽大的丝织腰带。

考证：金文的“绅”，左边为“丝”旁，右边为一盘绕的纽带形状。《说文解字》云：“绅，大带也。”

今义：绅士，表示有修养、有内涵、行为举止十分有礼貌的男士。

故事：在古代中国氏族社会末期，申是一种古老的封禅方式，是天与人之间的媒介。男女双方结婚称之为“天作之合”，因此申有“婚媾”的意思。此外，申也指束身、约束（如：申，束身也。–《说文》）。因此绅在古代是一种作为已婚标志的丝制腰带。古人常说“齐家治国平天下”，古代地方公干人员多是从已婚人士中选拔的。已婚人士就是候补官员，所以需要用作为已婚标志的“绅”来表明自己的候补身份。故文人，尤其是做官之人遂以绅为饰。后人便称有身份、地位、涵养的人为“士绅”或“绅士”、“乡绅”等。

■ 字形演变

金文	篆书	隶书	繁体	简体
紳	紳	紳	紳	绅

缔 Di

造字本义：帝王、部落首领之间结盟时，将盟书写在丝绸上，表示两国永结同心，永远和平。

考证：篆文的“缔”,左边为“丝”旁，右边的“帝”既是声旁也是形旁，表示古代国王。《说文解字》云：“缔，结不解也。”意思为连结在一起，不解开。

今义：仍表示联系在一起，合作，如缔结。

故事：盟誓是古时候诸侯之间重要的结信的方式，也是诸侯之间重要的外事活动。春秋时期，王室衰微，诸侯蜂起，诸侯与王室之间、诸侯之间，为了各自的利益而进行盟誓。由于彼此缺少真正的诚信，所以只能借助于神谴和诅盟来对结盟方加以约束与威胁，以此来维护彼此的诚信。

盟礼主要有杀牲、歃血、昭告神明、坎用牲加书等过程。结盟之前，先掘地为方坎，在坎上杀牲。杀牲时，先割牲的左耳，再取牲血。用珠盘盛放牲耳，用玉敦盛放牲血。接着蘸着牲血在丝绸上书写盟书（后改为用丹书或墨书）。然后由主盟者的戎右执玉敦，读盟书。盟书一般要有数卷，除了一卷要与牲同埋以外，参加盟誓的人要各持一卷回国，回国后交付专门保管盟书的盟府收藏，以备查看。

■ 字形演变

篆文	隶书	繁体	简体
	締	締	缔

绷 Beng

造字本义：古代帝王去世后，用药水浸过的丝绸缠裹全身，用以防腐。

考证：篆文的绷，左边为绞丝旁，右边的“崩”既是声旁也是形旁，表示山体倒塌，比喻帝王死亡。“朋”字的字形形状则是描述身体被丝带缠绕的样子。

今义：绷带，用于包裹伤口的消毒纱布。

故事：马王堆古墓的主人是西汉长沙国丞相的夫人辛追，出土的时候辛追夫人身上裹了27层丝绸，所有陪葬的漆器、陶罐器皿上也包裹着层层丝绸。当时出土的时候，很多考古工作者就产生了一个疑问，为什么这位身家显赫的夫人在装殓时要裹上如此厚重的丝绸？丝绸在当时是最为高贵的服饰面料，这些华美的丝绸为什么成为先人的裹尸布？

此后有专家专门研究得出结论，一方面古人发现了丝绸具有极好的防腐功效，另一方面在当时的人们看来，蚕吐丝后化蝶是一个重生的过程，人只要能钻进和蚕茧具有同样功效的包裹中，就能像蚕一样，在死后重生，并升天而去。而且他们在包裹的时候还专门留了空隙，好让灵魂从这个空隙中升天。

■ 字形演变

篆文	隶书	繁体	简体
繃	綳	繃	绷

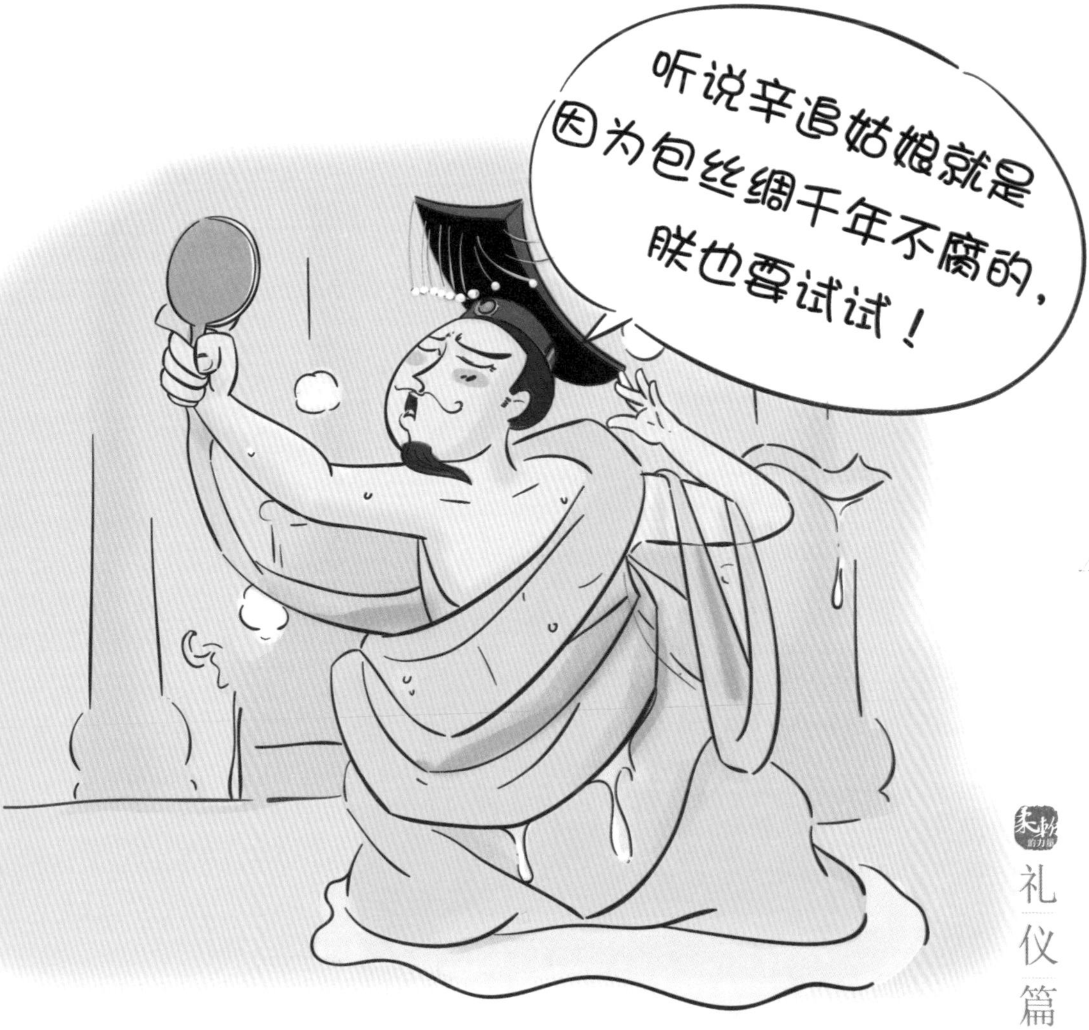
听说辛追姑娘就是因为包丝绸千年不腐的，朕也要试试！

016

缢

Yi

造字本义：帝王用丝绸上吊而死，称为缢。

考证：金文的“缢”，左边为“丝”旁，表示和丝绸的关系，右边是一人站在一物体上，正在将头颅伸进丝带中的形象。《说文解字》云：“缢，经也，绞也。”

今义：上吊或者用绳子勒死，自缢，表示自杀。

故事：北京景山东麓周赏亭下山脚处有一棵槐树，是明朝最后一个皇帝崇祯上吊自尽的地方。明末李自成打进北京，崇祯皇帝朱由检在走头无路的情况下，由司礼监秉笔太监王承恩陪着来到这棵树下自缢身亡。王承恩伺候皇帝归天后，在崇祯身边跪缢尽忠。据记载崇祯死时批发覆面，脚上没有穿鞋，意为丢了江山无面目见祖宗于地下。清兵入关后将缢死崇祯的树定为“罪槐”，用铁链锁上，以示处罚。原罪槐已死，现今槐树是后来补种的。

■ 字形演变

篆文	隶书	繁体	简体
䜃	縊	縊	缢

缅 Mian

造字本义：祭祀时头戴白色丝帽，用以履行祭礼。

考证：篆文的“缅”字，左边为“丝”旁，右边字形为“面”，既是声旁也是形旁，表示脸庞、头部；周遭围绕一圈，表示用丝绸包裹。

今义：缅怀，表示对已故的人哀悼、怀念。

故事：古代的孝服为什么选择白颜色，这里面可大有讲究。在古人眼中，每种颜色可不只是单纯的颜色，它的背后有很丰厚的文化内涵。古人把不同的颜色和不同的季节联系起来，春天是青色，夏天是红色，秋天是白色，冬天是黑色。每个季节有自己的特色，那么，象征季节的颜色，也就有了独特的意蕴。比如说白色，白色属于秋天，秋天万物凋零，萧瑟肃杀，从来就是个伤感、落泪的季节。古人有很多咏叹秋天的诗句，走的都是低沉的调子。白色是象征秋天的颜色，那么白色也就代表了悲伤，象征着死亡与不祥，所以，孝服要用白色。

■ 字形演变

篆文	隶书	繁体	简体
緬	緬	緬	缅

组

Zu

造字本义：祭祀祖先时，身上所穿的帽子、衣服、绶带等一整套丝绸所做的礼仪服饰。

考证：早期金文的“组”字，左边为“丝”旁，表示和丝绸的关系，右边上半部分表示祖先的牌位、灵牌，下半部分是一个人正在向牌位跪拜的形象。

今义：因工作和学习的需要而结合成的小单位，如小组、组合等。

故事：祭祀礼是我国古代“五礼”之一“吉礼”中的一项重要礼仪制度。主要内容是对天神、地支、人鬼的祭祀典礼。而在神圣、庄严、郑重的敬拜活动中，着装就成为尤其重要的举止和行为。如果在祭祀中穿着与活动内容不相符合或不融洽的装束，就会有损活动本身的神圣与庄严氛围。古时侯，达官贵族在祭祀祖先时，会头戴有丝线装饰的丝绸帽子，身穿有黑白丝线刺绣的丝绸礼服。

服装在中国文化的语境里从来都不只是遮身裹体、保暖御寒的实用物，它更重要的功用是文化观念、隐喻符号和精神象征的体现，对于一个国家、民族、集团具有不可估量的凝聚力量。

■ 字形演变

金文	篆文	隶书	繁体	简体
組	組	組	組	组

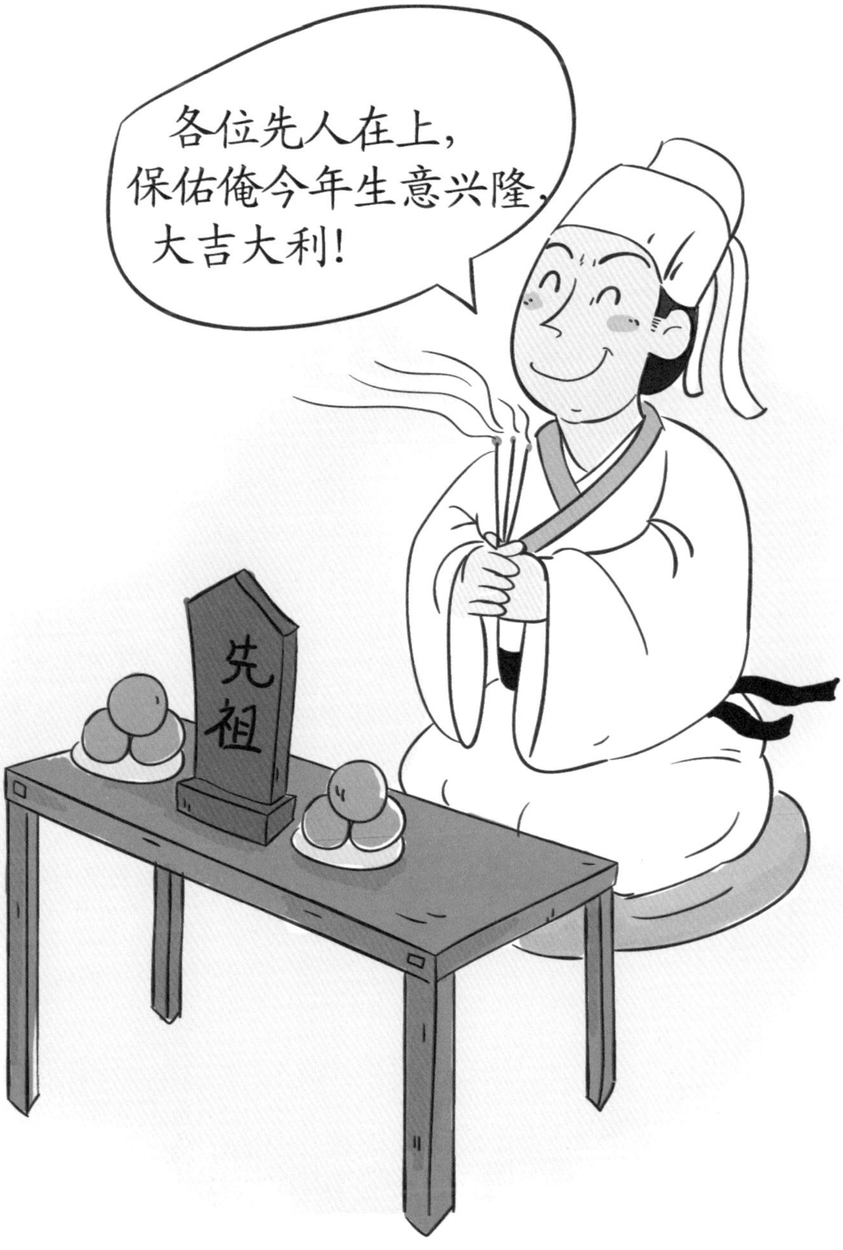
各位先人在上，
保佑俺今年生意兴隆，
大吉大利！
先
祖

席 Xi

造字本义：穴居时代宴请贵宾时用丝绸铺在冷硬的石桌、石椅上，以示盛情。

考证：金文的“席”，上半部分表示一块石板，下半部分为“巾”，表示铺盖着一块“巾”。《说文解字》云：“按，即筵也，方幅如巾，故从巾”。

今义：表示平铺在床上或者凳子上的片状织物，如凉席等；又表示座位，如席位。

故事：中国宴会繁缛食礼的基础仪程和中心环节，即是宴席上的座次之礼“安席”。史载，汉高祖刘邦的发迹就缘于他于沛县令的“重客”群豪宴会上旁若无人“坐上坐”。当时还是“席地而坐”，“上坐”乃宴席的“尊位所在”，亦即“席端”。这种宴席上的“上坐”，因坐制的饮食基础器具、几案、餐桌椅形制的历史演变而有时代的不同。两汉以前，“席南向北向，以西方为上”，即以面朝东坐为上。

■ 字形演变

024

Tie

帖

造字本义：巫师写在丝绸巾帛上求神驱邪的签条。

考证：篆文的“帖”，左边为“巾”表示小块丝帛，右边为“占”，表示占卜所用。

今义：礼仪、仪式中所用的比较正式的文本。

故事：古代人，文字写在什么材质的物品上，所用的称呼都不一样，写在竹片上叫“简”，写在木片上的叫“札”，写在丝帛上的叫“帖”，后引申为正式的文件文本，比如请帖！

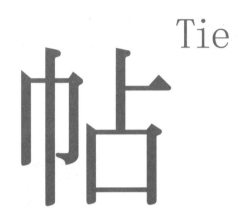

■ 字形演变

篆文	隶书	繁体	简体
帖	帖	帖	帖

动态篇

字说丝绸

文字的力量，不仅在于能描绘永恒的事物，对于一瞬间的动作，它同样能形象而精准地表达。本篇章的汉字，造字时皆为表达古人在蚕桑织造过程中的许多动作，在历史长河中不断演变、发展，有了今日各种含义，但是通过仔细推敲、古今对比可以发现，这些文字并未完全脱离造字本义，而是后人赋予了它更多的运用和阐释。

纳 Na

造字本义：缫丝时把蚕茧泡在水里，蚕茧吸收水分的过程为纳。

考证：《说文解字》云："纳，丝汲纳纳也。"

今义：吸纳、接纳、海纳百川，表示收归、包容的意思。

故事：缫丝时，蚕茧必须充分吸收水分才能抽取蚕丝。后来，纳逐渐演变为"容纳，包容"的意思，见于晋朝袁宏《三国名臣序赞》："形器不存，方寸海纳。"李周翰注："方寸之心，如海之纳百川也，言其包含广也。"意思是指大海可以容得下成百上千条江河之水，比喻包容的东西非常广泛，而且数量很大。因此纳的意思就是包容。

■ 字形演变

Xu

绪

造字本义：茧蒸煮后会出现一根蚕丝的头，这个头就称为绪，找到这个绪就能清晰地抽出整根蚕丝。

考证：金文的”绪”,左边表示蚕丝，右边的字形“者”即“煮”，《说文解字》云：“绪,丝端也。”《天工开物》记载：“凡茧滚沸时,以竹签拨动水面丝绪。”

今义：头绪，表示事物的开端、开头的部分。就绪，表示已经准备好、已经就位。

故事：绪字起源于丝绸，后来引申为事物发展的脉络或探求问题的门径以及梳理事情的条理等。汉蔡邕《上汉书十志疏》：“参思图牒，寻绎度数，适有头绪。”明朱国祯《高先生墓志铭》：“头绪虽多，尽做得出。”清恽敬《与姚秋农书》：敬江右之事，如治乱丝，千万头绪，止一人手力，是以奉书王奉新之后，并未发书。鲁迅《书信集·致章廷谦》：“北新办事，似愈加没有头绪。”

■ 字形演变

金文	篆文	隶书	繁体	简体

绝 Jue

造字本义：一人将丝绸从中间剪断的动作叫绝。

考证：甲骨文的“绝”字，像一根丝绳从中间断开，金文的“绝”则在两组丝线之间加一把刀，明确表示用刀割断丝缕。篆文的“绝”右边表示一个人手持一把刀割断丝缕。

今义：断开、穷尽、极端的意思，如绝境、断绝等。

故事：古代把丝绸视为高贵美好的事物，用刀把织到一半的丝绸剪断是一件十分奢侈浪费的事情。后来引申为终结所有美好的物。古代中国男女认为“丝”是爱情的象征，割断丝绸也寓意着决心分手、一刀两断，从此再无瓜葛。

字形演变

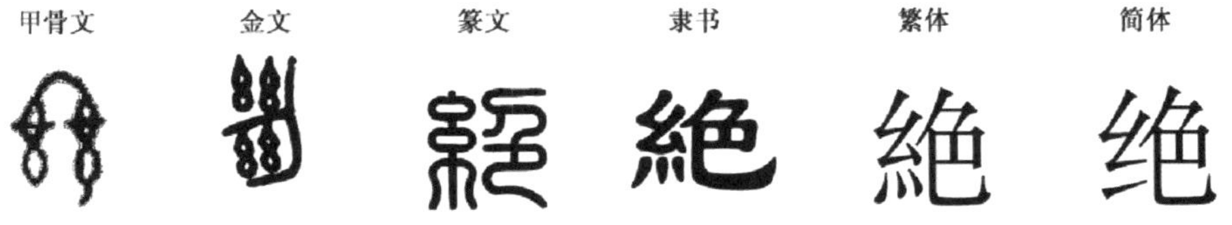

034

Sao

缫

造字本义：把蚕茧浸在热水里，并将蚕丝从浸泡开的蚕茧中抽出来的过程。

考证：篆文的“缫”,左边为“丝”旁，右边下半部分为“火”字，中间表示一双手在热水中将一根丝线抽出来，上半部分则是热水热气腾腾的景象。

今义：缫丝，把蚕茧浸在滚水里抽丝。

故事：我国在原始社会已存在缫丝，对野蚕茧进行人工缫丝。进入文明社会后，缫丝技术有所发展，周代索绪是靠振动茧子，在温水中引出丝绪而缎制的。西周时已用茧衣制作丝绵袍，实物在辽宁朝阳已有出土，对丝的品质标准是“柔顺如凝有，白如伊雪”。

字形演变

篆文	隶书	繁体	简体
繅	繅	繅	缫

继 Ji

造字本义：在缫丝过程中一粒茧子用完后，再添上另外一粒茧子的动作称为继。

考证：金文的继，左边表示蚕丝在源源不断地抽取，右边的下半部分表示丝线已断，两个短横线表示茧子，一粒用完了，再添加一粒。《说文解字》云：“继，续也。”

今义：继续，表示连接、接着进行的意思。

故事：继字本是缫丝织造过程中添加茧子后，并把新茧子的丝与原茧子的丝接连起来的一连串动作，因为这一动作能使缫丝工作接着进行下去，后人依据这一特征，将继字引申为连接、接着进行的意思，如继续、继承等。

■ 字形演变

金文	篆文	隶书	繁体	简体
		繼	繼	继

统 Tong

造字本义：缫丝的时候把蚕茧的丝，总在一起并成一根生丝，称为统。

考证：篆文的“统”，左边“纟”旁，右边为“充”，既是声旁也是形旁，表示满、全部。

今义：统一，表示几个分开的东西合为一个整体的意思。

故事：蚕吐出来的丝称为茧丝，茧丝极细，应用功能不广，因此缫丝时将数根茧丝捻为一根丝，称为生丝。一个茧丝的粗细度大约在2.5旦尼尔，一般要7-8个茧丝加捻为一根生丝，即21旦尼尔。将数根茧丝捻为一根生丝的过程，是将许多事物归总为一个事物的过程，因此后人将“统”的意思延伸为统一的意思。

■ 字形演变

篆文	隶书	繁体	简体
統	統	統	统

综 Zong

造字本义：织布机上定位经纬线位置的装置，称为综，许多综丝集合在一起的装置则称为综框。

考证：篆文的“综”，左边为“丝”旁，右边上半部分，表示一物体将两根纬线固定住，下半部分表示三根经线。

今义：把各个部分、各个属性联合成一个统一的整体，如综合、综述等。

故事：综字源于丝绸，是一名词，现在综引申为综合的意思，是指一种科学思维活动，它不同于感觉活动中的综合。所谓感觉活动的综合，是指人们通过自己的感觉器官，以不同的感觉直接反映事物的某一表面特性，并在大脑中综合成为关于对象的完整的知觉表象。科学思维中的综合不是指感觉的综合。科学思维已经不是停留在对事物的表面特性的感知阶段，而是上升到认识事物的结构原理以及运动规律的理论阶段了。而且由于理论的深度不同，综合的水平也不同。

■ 字形演变

篆文	隶书	繁体	简体
綜	綜	綜	综

042

绞 Jiao

造字本义：缫丝后，将卷轮上的一卷蚕丝取下来，通过手反方向的作用，将整卷蚕丝弄成长条绳状，这个动作称为绞，弄好后的蚕丝也称为一绞丝。

考证：篆文的绞字，左边为“丝”旁，右边是一卷蚕丝正在旋转交错的形状。

今义：绞刑，用绳子勒住脖子，处死罪犯。

故事：在古代人们为了方便捆扎和运输生丝，通常都将一卷散的生丝弄成长条绳状，称为“一绞丝”，直到今日，人们仍然沿用这种工艺和称呼。事实上，在甲骨文中，表示蚕丝的字形就是一绞丝的形状，这也是为什么直到今天我们仍将字的“丝”旁称为“绞丝旁”的缘由。

字形演变

篆文	隶书	繁体	简体
絞	絞	絞	绞

练 Lian

造字本义：把生丝蒸煮加工成洁白柔软的熟丝的过程叫练。

考证：金文的“练”，左边为“丝”旁，右边的字形下半部分支着支架的蒸煮蚕丝的锅，上半部分的三叉形是表示热气腾腾的形象。

今义：练习、训练、熟练，表示不断地重复某一动作，直到非常熟悉、不出差错为止。

故事：在制造丝绸的工艺流程中有一道工序叫“练”，就是将生丝放置在热水中蒸煮，通过这道工序，生丝的丝胶溶解，变得洁白柔软，更适用纺织。这个工序是使蚕丝由生到熟的一个过程，后人取这一层意思，将“练”字运用到更广泛的领域，凡是人们想对某项技能运用得心应手，都需经过“练”。

字形演变

金文	篆文	隶书	繁体	简体
練	練	練	練	练

Luan

乱

造字本义：丝线无序，无法纺织，纺织者将绞在织机上的杂丝抽出的这么一个过程。

考证：早期金文的“乱”，下半部分是两截丝线绞结在织机的“工”字形经纬架上，上半部分为一个手的形状，表示纺织者正在将绞在织机上的杂丝抽去。

今义：杂乱，表示事物或者事情处于一种无序的、不利于把控的状态。

故事：乱字始于蚕桑丝织，后用于形容事情处于一种无序的、不利于把控的状态。中国历史有乱世和治世一说，八百年一明君，八百年一大治，伍百年一小乱，三百年一大乱，大乱过后又大治。明君出，天下治，此君为八百年之君，贤臣出，根基稳，此臣为五百年之臣，愚臣出，国将亡，此臣为三百年之臣。乱世治世皆因人而起，历史的镜子不可不照。

■ 字形演变

金文	篆文	隶书	繁体	简体
		亂	亂	乱

编 Bian

造字本义：用丝线将竹片穿联成简册典籍。

考证：甲骨文的“编”，右边表示连接好的丝线，左边则是一片片竹简被串联起来的形状。

今义：创作，课本内容的划分。

故事：春秋时期的书，主要是以竹子为材料制造的，把竹子破成一根根竹签，称为竹“简”，用火烘干后在上面写字。一根竹简上写字，多则几十个字，少则八九个字。一部书要用许多竹简，通过牢固的绳子之类的东西按次序编连起来才最后成书，便于阅读。通常，用丝线编连的叫“丝编”，用麻绳编连的叫“绳编”，用熟牛皮绳编连的叫“韦编”。

孔子“晚年喜易”，花了很大的精力，反反复复把《易》全部读了许多遍，又附注了许多内容，不知翻开来又卷回去地阅读了多少遍。竟然把串连竹简的牛皮带子也给磨断了几次，不得不多次换上新的再使用。这就是成语“韦编三绝”的由来，以此比喻读书勤奋用功。

字形演变

约 Yue

造字本义：用丝线或丝带缠绕，称为约。

考证：篆文的“约”，左边为“丝”旁，右边表示一根丝绳不断在缠绕，《说文解字》云：“约，缠束也。从糸，勺声。”

今义：动词，表示规定、限制时间或者空间，如约定、约束等。

故事：史书记载，刘邦进入咸阳后，一贯好酒色的沛公以征服者的姿态大摇大摆地走进秦宫室，面对不可胜数的帷帐珠玉重宝和数以千计的后宫美女，也不禁贪婪地想止宫休舍，体验一下做关中王的滋味。张良听说此事后，对他说：“秦为无道，沛公你才得以至此。可是现在，你刚一进入咸阳便打算安心享乐，这和暴秦有什么两样呢?忠言逆耳利于行，良药苦口利于病 希望你能听从劝告。”在张良的苦苦劝说之下，刘邦这才醒悟过来，封秦重宝财物府库，还军霸上 。

刘邦还军霸上后，便召集诸县父老豪杰，向他们发布安民告示：父老苦秦苛法久矣，诽谤者族，偶语者弃市。吾与诸侯约，先入者王之，吾当王关中。“与父老约法三章耳：杀人者死，伤人及盗抵罪。余悉除去秦法。诸吏人皆案堵如故。凡吾所以来，为父老除害，非有所侵暴，无恐!”这个安民告示，就是历史上有名的约法三章。

■ 字形演变

篆文	隶书	繁体	简体
約	約	約	约

缠 Chan

造字本义：用丝线或者丝带圈绕。

考证：《说文解字》：“缠，绕也。从糸，廛聲。”

今义：缠绕，表示用带状物一圈圈围绕、裹紧。

故事：古代艺人把锦帛缠在头上作装饰，缠头时有许多讲究，前面只能缠到前额发际处，不能把前额缠到里面，这样不利于叩头礼拜，缠巾的一端要留出一肘长吊在背心后，另一端缠完后压至后脑勺缠巾层里。

字形演变

篆书	隶书	繁体	简体
纏	纏	纏	缠

互 Hu

造字本义：表示一个捻丝成绳的动作，两个人反向旋转系着蚕丝的竹柄，使丝线交错扭结成绳索。

考证：早期篆文的“互”，上下两头各为一系着丝绳的竹柄，丝绳中间是交错的形状。段玉裁注：“今绞绳者尚有此器。从竹，象形，谓其物象工字；中象人手推握也。”

今义：相互，互相，表示相与地，彼此地，交替地。

故事：互字其实是我们的古人在描述一种物理学原理，两个人通过反方向的作用力一起使两根分散的丝线交错扭结成一根更为强壮有力的绳索。后人延伸了这种作用力的意义，使得互字的意义更为丰富，比如表示两个人为了同一个目标相扶相依，互通有无。

字形演变

篆文	隶书	繁体	简体
	互	互	互

缚 Fu

造字本义：用手将展开的蚕丝绕起来捆扎成丝线团。

考证：篆书的“缚”,左边为“丝”，右边的字形像一只手在缠绕纺纱，“田”字形，表示一个线团。古时，养蚕缫丝大多是手工进行。丝线捆扎成团，多是手工缠绕，“缚”即是此意。《说文解字》云：“缚，束也。”

今义：束缚，用线状或带状物缠绕、捆绑的意思；作茧自缚，比喻做了某件事，结果使自己受困。也比喻自己给自己找麻烦。

故事：蚕发育到五龄末的时候，蚕就逐渐停止吃桑叶，身体收缩并呈透明状。这时被养蚕人称为“熟蚕”。熟蚕头胸部昂起，8字状摆动，寻找地方吐丝结茧。结茧完毕后，蚕就在茧内蜕皮化蛹。人类把蚕的这一行为举止称为作茧自缚，比喻做了某件事，结果使自己受困。也比喻自己给自己找麻烦。

字形演变

篆文	隶书	繁体	简体
縛	縛	縛	缚

Xian

线

造字本义：用几股桑蚕丝拈成的细缕。

考证：篆文的“线”，左边为“丝”，右边的字形表示在将几根蚕丝综合、拧在一起，最后成为一根。《说文解字》云：“线,缕也。”远古缫丝是把几根丝并成一根，成为生丝。生丝柔韧，可以用来缝补，这就是最早的线。

今义：十分细长的东西。

故事：古人认为，人的姻缘是命中注定，月老手中的红线能够将有情人联系在一起。典出《唐·李复言·续幽怪录·定婚店》。唐朝韦固年少未娶，某日夜宿宋城，在旅店遇一老人，靠着一口布袋，坐在月光下，翻看着一本书，像在查找什么。韦固问老人家在翻查什么？老人答到:“天下人的婚书。”韦固又问袋中何物？老人说:“袋内都是红绳，用来系住夫妇之足。虽仇敌之家，贫富悬殊，天涯海角，吴楚异乡，此绳一系，便定终身。”----这就是流传千年的俗语“千里姻缘一线牵”的来历。

■ 字形演变

篆文	隶书	繁体	简体
綫	綫	綫	线

绎 Yi

造字本义：把整个蚕茧一圈又一圈地抽出来，直到变成一根丝的过程叫绎。

考证：金文的“绎”,左边为“丝”旁，右边上半部分的图形表示已经被抽了一半丝的蚕茧，下半部分表示还在源源不断地抽丝。《说文解字》云：绎，抽丝也。

今义：展现，表现，推理，运用逻辑的规则,导出另一命题的过程，如演绎。

故事：绎字的造字本义是捏着丝的头绪，把整个蚕茧一圈又一圈地抽出来的过程。现在的意思是从一些假设的命题出发,运用逻辑的规则,导出另一命题的过程。可以看到这个字的意思是从描述具体的劳动动作延伸到了理论推理过程。因为抽丝和推理都是一环扣一环接连不断的，所以我们古人的联想发散思维，使得这个字的意义演变非常有趣。

■ 字形演变

金文	篆文	隶书	繁体	简体
繹	繹	繹	繹	绎

062

纠 Jiu

造字本义：两根丝线或者丝绳的线头纠结在一起。

考证：甲骨文的“丩”像两个线头打结在一起，后加了“糸”,另造“纠”代替原来的意思，因此“丩”即为“纠”。《说文解字》云：“纠，绳三合也。”

今义：纠缠、纠结，表示缠绕、打结、错乱的意思；纠正，表示矫正的意思。

故事：纠结这个词本是形容缠绕的意思，目前网上这个词的意思应该是陷入某种境地而心理混乱，形象点说就是五脏都搅到一块了那种感觉，而生活中，就像上一段所解说的那样，纠结一词成为当今80后、90后的一种生存状态或文化现象。比如外出时，错穿不对号的鞋子，吃饭时盯着长长的菜单却不知道要点什么样的菜，工程策划时不知从何下手，跟女朋友关系闹僵陷入痛苦中…… 都可以用“纠结”一词来概括。

■ 字形演变

金文	篆文	隶书	繁体	简体

细 Xi

造字本义：古人用细来形容从蚕茧中抽出的茧丝的大小。

考证：篆文的“细”左边为“丝”旁，右边表示从蚕茧中抽出一根 丝。《说文解字》云：“细,微也。”《广雅》云：“细,小也。”

今义：形容十分小的东西。

故事：古人认为，世间最细的莫过于蚕吐出的丝，因此用细表示微小、细小,一直到今天，细仍用来形容十分小的东西。

■ 字形演变

篆文	隶书	繁体	简体
細	細	細	细

Hui

绘

造字本义：用多彩的丝线在丝织物上刺绣图案。

考证：篆文的“绘”,左边为“丝”旁，右边的“会”，既是声旁也是形旁，表示接合；《说文解字》云：“绘,五采绣也。”

今义：指绘画、描绘等。

故事：绘字在造字本义上和绣字基本一样，都是用多彩的丝线在丝织物上描画图案，在后面的演变过程中，两个字的意思逐渐区分开来，绣保持了原意，而绘字逐渐演变为绘画、绘图，指用颜料或者墨汁在帛上描画图案。

■ 字形演变

篆文	隶书	繁体	简体
繪	繪	繪	绘

敝 Bi

造字本义：撕毁绢帛。

考证：敝，早期甲骨文左边为一个“巾”字，代表丝帛，右边的象形表示一个人手持器械，晚期甲骨文在“巾”上加两点指事符号，代表巾帛的碎片。

今义：谦词，表示身份卑微，如敝人；此外还有破、旧的意思，如敝帚自珍。

故事：在古时，毁锅砸鼎叫“败”，撕毁巾帛叫“敝”。另外“敝”也有破、旧的意思，如“侯生摄敝衣冠。——《史记·魏公子列传》”这里指代的就是身上破旧的衣裳。

■ 字形演变

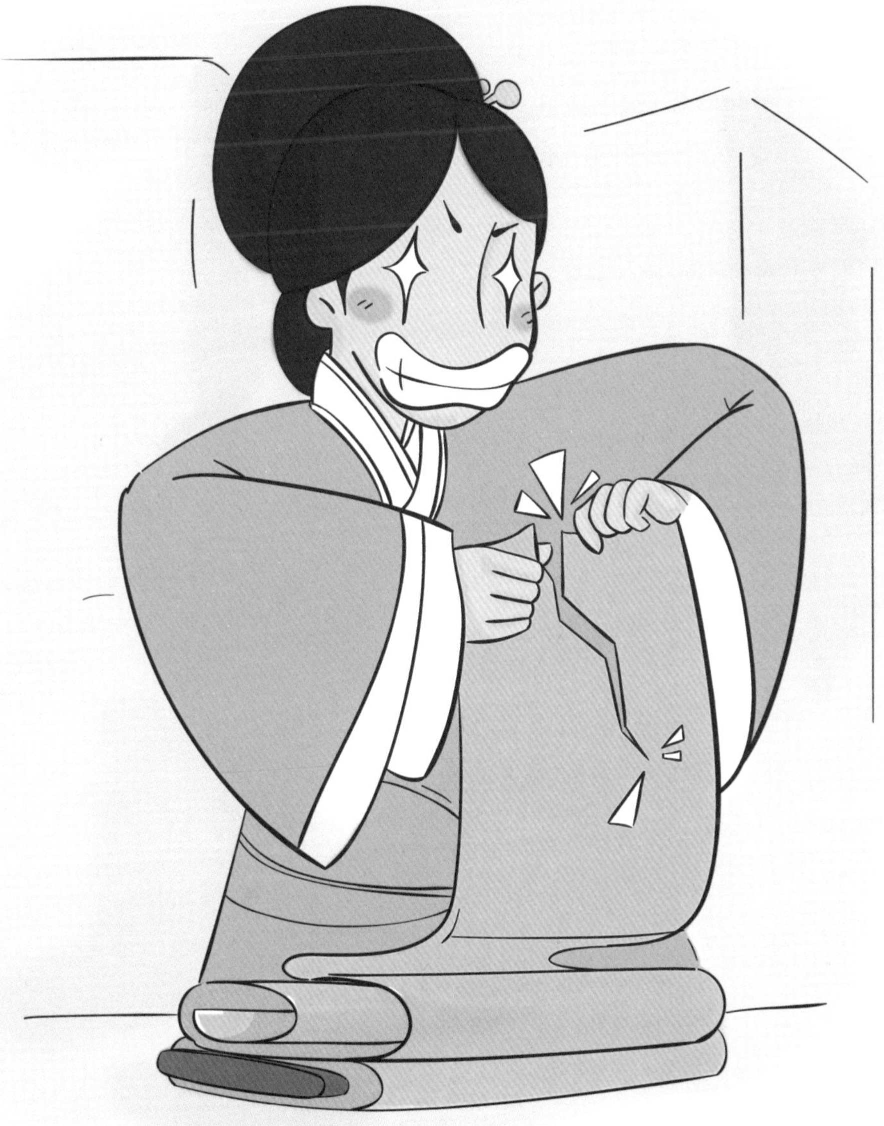

幽 You

造字本义：用火点燃蚕丝时发出的一线忽明忽灭、若有若无的火光。

考证：早期的甲骨文，上半部分字形为两根蚕丝，下半部分为“火”字。因为蚕丝极细，被火点燃后，火光也十分微弱。

今义：形容词，表示颜色很深、光线十分暗，若有若无的状态，如幽暗、幽绿等。

故事：古人所造“幽”字非常具有画面感，一个人在黑暗中点燃蚕丝，蚕丝极细，所发出的火光也极为微弱，忽明忽灭，若有若无，古人就根据这样的场景造出了幽字，后人在衍变的过程中，延续幽字的画面感，将一切光线暗淡或一些隐晦的、不明朗的场景和状况形容为幽。

字形演变

甲骨文 金文 篆文 隶书 繁体 简体

我们古人的一大可爱之处便是把生活当成学术一样较真地对待，他们会精细地解剖天地万物，并一一给予阐释和描述。通过对本篇章汉字的研究可以发现，我们今天统称的丝绸，在古人那里，他们根据质地、厚薄、品质、颜色、作用的不同，一样样精细地分类，并予以不同的命名和文字阐释。

品类篇

锦 Jin

造字本义：有彩色花纹的丝织品，或用金丝线织成的绚丽丝织品。这种丝织品本身已经是艺术品了，古代其价如金，所以造字时用了金字旁，表示如金子一样有价值的丝帛。

考证：金文的“锦”,左边为“金”旁，右边为丝帛的“帛”，表示如黄金般珍贵的丝帛。

今义：有精美花纹的纺织品，一般用于比喻美丽或者美好的意思，如锦绣山河、锦绣前程等。

故事：金子在古人的意识中是最有价值、最为贵重的东西，而木头是比较普通、低廉的东西，所以造字时，他们用“锦”来描述品质非常好、图案十分精美，像金子一样珍贵的极品丝绸。而“棉”字则表示价值比较低的，像木头一样普通的布料。因此“锦衣”通常为达官贵族所穿，而“布衣”则直接成为平民百姓的代名词。

■ 字形演变

金文　篆文　隶书　繁体　简体

纸 Zhi

造字本义：用低级的丝作布，当作古人书写的材料。

考证：篆文的纸，左边为“丝”，表示和丝绸的关系，右边为“氏”，既是声旁也是形旁，表示低、低级。《说文解字》云：“纸，絮也，一曰苫也。”

今义：名词，用于书写和绘画的一种材料，多为植物纤维所制而成。

故事：中国四大发明之造纸术，最早是源于用丝织品的下脚废丝，以及漂絮时留存的丝屑纤维所制成的一种薄绵片。在当时这种絮片能够写字，并且比纯丝帛要便宜。因为它是由丝制成的，故取名为“纸”，但是这种絮片强度不够，于是当时人们发明了一种新的纸，将碎的、断的丝纺织起来，被称为茧纸。茧纸质地坚韧，在我国早期使用较为普遍，东晋王羲之《兰亭集序》即用此纸，北宋苏轼《孙莘老求墨妙亭诗》中也提到“《兰亭》茧纸入昭陵”的诗句。

不过用丝来做纸，成本终究还是太高，于是渐渐出现其他材料的造纸术。纸对中国乃至世界文化的影响深远，但是追根溯源，“纸”与丝始终是密不可分的。

■ 字形演变

篆文	隶书	繁体	简体
紙	紙	紙	纸

绮 Qi

造字本义：工艺精湛、图案精美、非同一般的极品精细丝绸。

考证：篆文的“绮”,左边为“丝”旁，右边为“奇”，既是声旁也是形旁，表示特别的、非同一般的。《说文解字》的解释为：“绮，文缯也，即今之细绫也。”

今义：绮丽，表示非常的美丽、光彩照人。

故事：绮字本是名词，指工艺精湛、图案精美、非同一般的极品精细丝绸。后人取这种丝绸非常华贵、美丽的特征，将其引申为形容词，用以形容非常美好的事物和风光。也有用绮丽形容诗歌风格，指行文辞藻华丽考究，字里行间，透出一种门庭高贵的气质。

■ 字形演变

篆文	隶书	繁体	简体
綺	綺	綺	绮

纨

Wan

造字本义：细绢，细致洁白的丝织品，一般用于古代富家子弟的华美衣着。

考证：《说文解字》云："纨，素也。"从系，丸声，谓白致缯，今之细生绢也。

今义：纨绔，一般为古代富家子弟的衣着，现在泛指不学无术、游手好闲的富家子弟。

故事：中国古人被严格的纲常约束，礼节繁多，仅仅在穿衣戴帽上就五花八门。《周礼》中有明文列举了衣服颜色所代表的贵贱身份。甚至一个人服饰的色彩和他父母健在还是过世都有清晰的规定。而中国人又习惯以衣帽取人，衣着打扮常常不止是一个人的个人代号，往往还是他的社会代号。

古代的富家子弟通常穿着的细致洁白的丝织品称为"纨"，所以富家子弟也称为"纨绔子弟"，后来逐渐引申为不学无术、游手好闲的富家子弟的代名词。

字形演变

金文	篆文	隶书	繁体	简体
		紈	紈	纨

巾 Jin

造字本义：丝缕下垂的丝绵或丝麻制佩饰物，多指小块丝织品。

考证：甲骨文的“巾”像下垂的丝缕。《说文解字》云：“ 巾，佩巾也。”

今义：丝巾、头巾、毛巾，表示精心裁剪的布块。

故事： 古代达官贵族身边多带手帕，即手巾，也指佩巾，用来拭汗或者遮挡等。这些手帕大多是丝织小方巾，有的丝巾上甚至带有精美刺绣等花样，彰显主人的华贵和品位。随着适用人群的不断扩大和材料的丰富，“巾”不止局限于丝织品，也可以用棉、麻等织成，渐渐引申为“用来擦抹或包裹、缠束、覆盖东西的小块纺织品”。

■ 字形演变

甲骨文　金文　篆文　隶书　繁体　简体

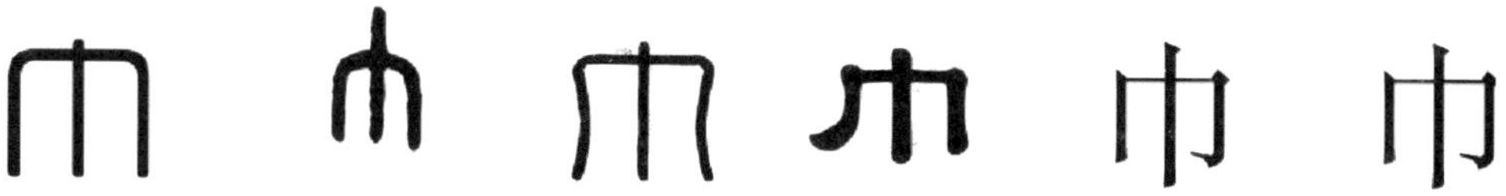

084

帛 Bo

造字本义：白色绢或绸， 古代的上流社会把它作为绘画材料。

考证：甲骨文的帛，上面“日”字形状表示白，无色的意思，下面“巾”字表示丝绸。《说文解字》：帛，缯也。从巾，白声。凡帛之属皆从帛。

今义：丝绸的一个品类，一般作为书、画材料。

故事：中国战国以前称丝织物为帛，帛由生丝织成，单根生丝织物为“缯”，双根为“缣”，“绢”为更粗的生丝织成。据考古资料，在殷周古墓中就发现丝帛的残迹，可见那个时候的丝织技术就相当发达。明确提及丝帛用于书画，是在春秋时期（《墨子·天志中篇》如实记载：“书之竹帛，镂之金石。”）。当时只有贵族书写及绘画才能用丝帛。

■ 字形演变

086

绢 Juan

造字本义：表示质地较厚的小块的绸，古代用于绘画或装璜裱饰。

考证：篆文的“绢”，左边为“丝”，右边为“肙”，既是声旁也是形旁，表示小。《说文解字》云：“绢,缯如麦绢者，谓粗厚之丝为之。”

今义：丝绸的一个品类，采用平纹或平纹变化组织，熟织或色织套染的绸面细密平挺的织物。

故事：缫丝后会遗留一些杂碎的短纤维茧丝，俗称“下脚料”，用这些短的茧丝纺成的线称为“绢丝”，用这种“绢丝”织成的面料就称为 “绢”，在古代多用来装裱和绘画， 且多为王公贵族采用。后来逐渐作为一类丝绸纺织品的统称。

■ 字形演变

篆文	隶书	繁体	简体
絹	絹	絹	绢

绫 Ling

造字本义：一种很薄的丝织品，织纹为斜四边形，一面光，像缎子。

考证：篆文的“绫”，左边为“丝”旁，右边的上半部分为“光”字形，表示此面料光滑，下半部分为一斜四边形，表示外观具有明显斜向纹路的织物。《说文解字》云：“东齐谓布帛之细者为绫。”

今义：丝绸的一个品类，采用斜纹或斜纹变化组织，外观具有明显斜向纹路的织物。

故事：斜纹地上起斜纹花的中国传统丝织物,是在绮的基础上发展起来的。始产于汉代以前，盛于唐、宋。绫光滑柔软，质地轻薄，用于书画装裱，制作衬衫、睡衣等。用作装裱图画、书籍以及高级礼品盒等的称裱画绫。

■ 字形演变

篆文	隶书	繁体	简体
綾	綾	綾	绫

缎 Duan

造字本义：分段、不成匹的丝绸，一种质地厚密而有光泽的丝。

考证：篆文的“缎”字，左边为“丝”旁，右边的是一个人将丝绸分成一段一段，“段”既是声旁也是形旁，表示一截。

今义：丝绸的一个品类， 使用蚕丝用缎纹织成的一种织物，靠经(或纬)在织物表面越过若干根纬纱(或经)交织一次，组织紧密，表面平滑有光泽。

故事： 缎类织物俗称缎子，品种很多。缎纹组织中经、纬只有一种以浮长形式布满表面，并遮盖另一种均匀分布的单独组织点。因而织物表面光滑有光泽。经浮长布满表面的称经缎；纬浮长布满表面的称纬缎。缎类织物是丝绸产品中技术最为复杂，织物外观最为绚丽多彩，工艺水平最高级的大类品种。我们常见的有花软缎、素软缎、织锦缎、古香缎等。花软缎、织锦缎、古香缎可以做旗袍、被面、棉袄等。其特点：平滑光亮、质地柔软。

■ 字形演变

篆文	隶书	繁体	简体
	緞	緞	缎

092

绸

Chou

造字本义：经纬细密的高级丝帛。

考证：金文的绸，左边为丝旁，右边的字形表示“周”既是声旁也是形旁，形容非常细密的样子。

今义：丝绸的一个品类，采用混平纹变化组织及其它组织，经纬交替较紧密的丝织物。

故事： 人们经常以绫罗绸缎一词来形容高级的丝绸面料，事实上现代丝绸一般分为14大类，绸是其中一类，按原料分有绵绸、双宫绸，采用柞蚕丝的鸭江绸、涤纶绸。习惯上把绸与起缎纹效应的缎联系起来作为丝织物的总称绸缎；有时也用丝绸用为丝织物的代称。

■ 字形演变

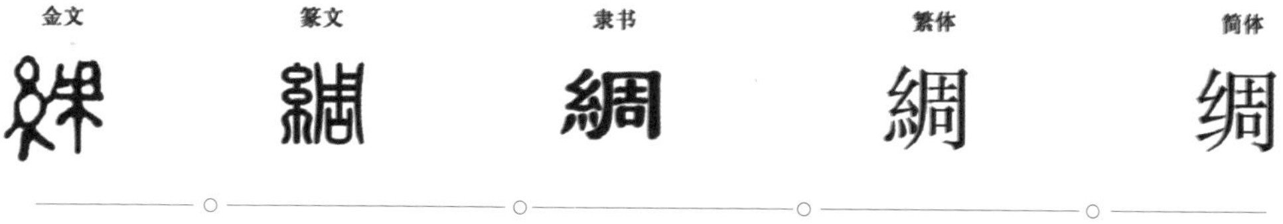
金文
篆文
隶书
繁体
简体

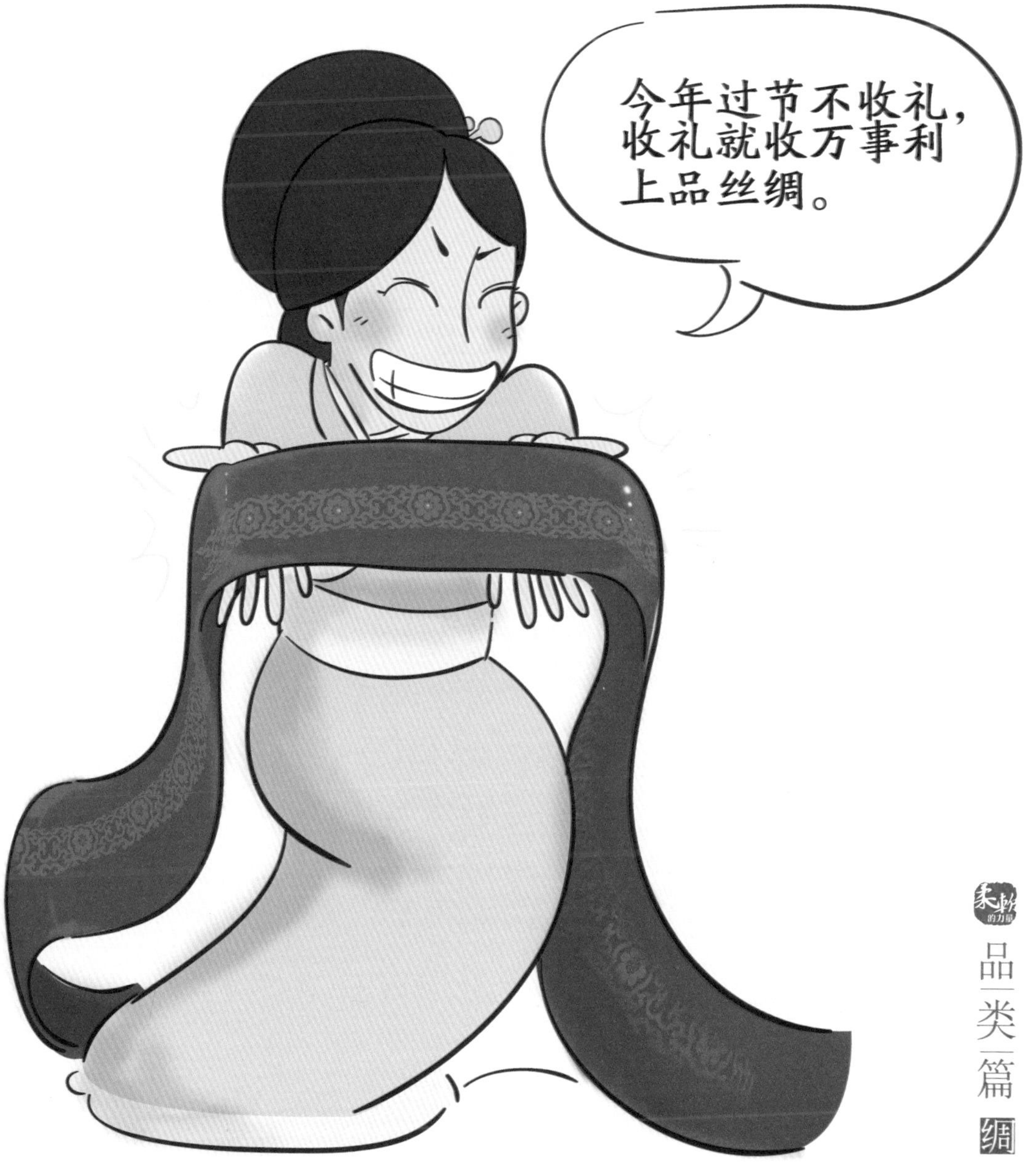
今年过节不收礼，收礼就收万事利上品丝绸。

纱 Sha

造字本义：轻细、半透明的丝织物。

考证：《汉书·江充传》："充衣纱縠襌衣。" 颜师古注："纱，纺丝而织也。轻者为纱，绉者为縠。"

今义：丝绸的一个品类，其特征是全部或部分采用纱组织，绸面呈现清晰纱孔。

故事：1972年早春，期待已久的湖南长沙马王堆汉墓出土了举世闻名的素纱禅衣。这件素纱禅衣不仅精美，而且重仅仅49克，它的重量引起了考古学家的啧啧惊叹。中国古代文学作品中形容衣物是薄如蝉翼，轻若云烟，拿到手上以后感觉就像没拿东西一样。人们一直觉得这只是古代文学家的夸张修辞而已，不敢相信世间真有薄如蝉翼的衣服，直到素纱禅衣的出土，才打消了人们的疑问。

有研究人员依据素纱禅衣的式样，重新仿做了一件，款式相同、大小也一样，但是重量却有200多克，是原件4倍多。后来经过科学的认证考究，终于发现，原来是蚕经过几千年的进化以后，虫体变大，吐出来的丝也变粗，用现代蚕吐出来的丝织造，难怪远远超重。

■ 字形演变

篆文	隶书	繁体	简体
紗	紗	紗	纱

绵 Mian

造字本义：连成的片的蚕丝，供絮衣被等用。

考证：绵，篆文的“绵”,左边为“帛”字，表示此物用于衣帛，右边为“丝”字，“丝”字上面一撇，表示成片的蚕丝，古语有云：“渍茧擘之,精者为绵,粗者为絮。今则谓新者为绵,故者为絮。”

今义：绵软，表示非常柔软的意思；绵延，表示连续不断的；丝绵，蚕丝被内的填充物。

故事：绵最早是作为名词，本义是连成片供絮衣被等用的蚕丝。这种蚕丝片触感非常柔软，于是后人将其引申为柔、软的意思；又因为这种蚕丝片蚕丝纠结在一起，抽取的时候丝线有源源不断的感觉，因此后人又将其引申为连续的意思的，如绵延千里等词。

■ 字形演变

篆文	隶书	繁体	简体
綿	綿	綿	绵

絮 Xu

造字本义：质地不太好的熟丝和粗的丝绵。

考证：《说文解字》云：“絮,敝绵也。按好者为绵，恶者为絮。”意思是质地不太好，粗的丝绵为絮。

今义：棉絮，表示棉花团，多用于填充被子、棉衣等。絮状，表示由丝线、棉花等东西团起来的轻薄的物体。

故事：在古人的语境里，同一个物品，如果是不同品质的，都会有不同名称，不像今天我们形容某件物品的的品质时，会说好的，差的这样的词。比如同样是蚕丝连成的丝团，古人将品质好的称为绵，品质差的称为絮。这也是古人世界观的一种表现，在他们看来，万物皆有其用，看为何而用，并无好坏之分。

■ 字形演变

篆文	隶书	繁体	简体
絮	絮	絮	絮

缟 Gao

造字本义：未经练染的本色精细生坯织物。

考证：据《汉书》颜师古注解释，缟就是本色的缯。清·任大椿《释缯》：“熟帛曰练，生帛曰缟。”《小尔雅》：“缯之精者曰缟。”因此综合起来，缟就是未经练染的本色精细生坯织物。

今义：初步织成，还未经脱胶处理的丝绸面料。

故事：蚕丝上都附有天然丝胶，丝绸面料在初步织成时，因为丝胶多而很硬挺，称之为“缟”。为了让面料柔软，需要脱胶处理，即“练”，所以有“熟帛曰练,生帛曰缟”的说法。《资治通鉴》：“曹操之众,远来疲敝,闻追豫州,轻骑一日一夜行三百余里,此所谓‘强弩之末势不能穿鲁缟’者也。”这里的缟，就是生绢。

■ 字形演变

篆文	隶书	繁体	简体
縞	縞	縞	缟

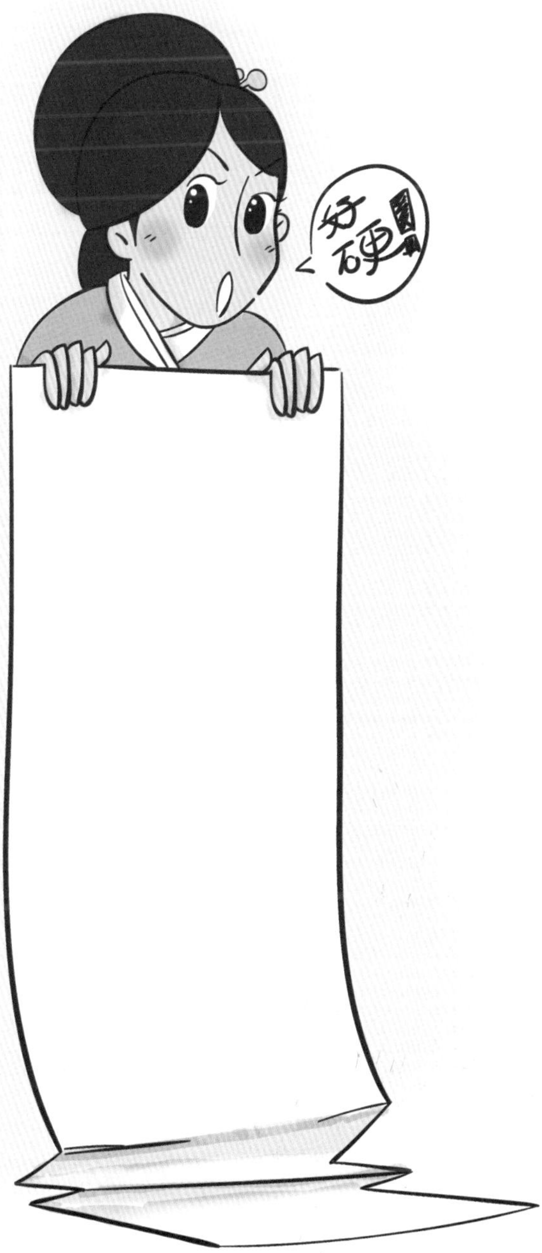

纯 Chun

造字本义：未染色的、自然状态的蚕丝。

考证："纯"的甲骨文字形和早期金文字形与"屯"通用，表示种子生根发芽的样子，形容最自然、简单的原生状态。晚期金文"纯"加"丝"旁，表示原生态的蚕丝。《说文解字》阐释："纯,丝也，此纯之本义也。"

今义：纯洁、纯粹，形容没有任何污染、杂质。

故事：古人的一个"纯"字，道出了真丝的天然属性，真丝，属于纯天然的蛋白质纤维，丝素中含有18种对人体有益的氨基酸，可以帮助皮肤维持表面脂膜的新陈代谢，故可以使皮肤保持滋润、光滑。此外真丝还是一种多孔纤维，因此具有良好的保温、吸湿、散湿和透气的性能，对皮肤具有一定的保护作用。

■ 字形演变

甲骨文	金文	篆书	隶书	繁体	简体
			純	純	纯

丝 Si

造字本义：从蚕茧抽出的、成缕成股的细线。

考证：甲骨文的“丝”就是两串从蚕茧中抽出来的丝的形状，《说文解字》云：“丝，蚕所吐也。”《急就篇注》云：“抽引精茧出绪曰丝。”可见，丝字起源于蚕所吐之物。

今义：丝绸，面料的一种；丝毫，形容极为细微的样子。

故事： 丝是蚕吐出的像线的东西，是织绸缎等的原料，缫丝织绸是中国人民的伟大创造。早在4700多年前就有了丝织品。商代甲骨文出现桑、蚕、丝、帛等字，还辟出从“桑”、从“糸”等与蚕丝有关的文字100多个。公元前数世纪中国开始向外输出蚕丝和丝织品，丝绸之路因此得名。中国丝绸种类多，绣工巧，织造技术高超，图案花纹精美，在世界上一直享有盛誉。古代希腊人和罗马人称中国为丝国。

■ 字形演变

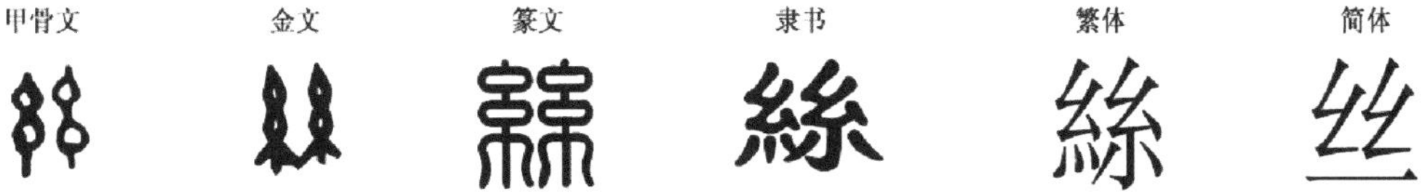

级 Ji

造字本义：本意为丝的次第，原始社会根据丝的质量分为不同等级。

考证：《说文解字》：“级，丝次弟也。从糸，及声。故其字从糸，引申为凡次第之称。”

今义：现代的丝根据丝的品质高低也分为很多级；另一方面“级”更多的意思是表示物与物、人与人之间的差距、等次，如级别、阶级。

故事：级本是用于区分蚕丝品质的量词，现在也将蚕丝的品质分为很多等级，A级、2A级，3A级，4A级，5A级，6A级，A字越多，蚕丝的品质越高，顶级的蚕丝称为6A级蚕丝。后人将“级“字引申到更为广泛的领域，用以形容事物与事物的差距、人与人之间的地位高低等。

■ 字形演变

篆文	隶书	繁体	简体
級	級	級	级

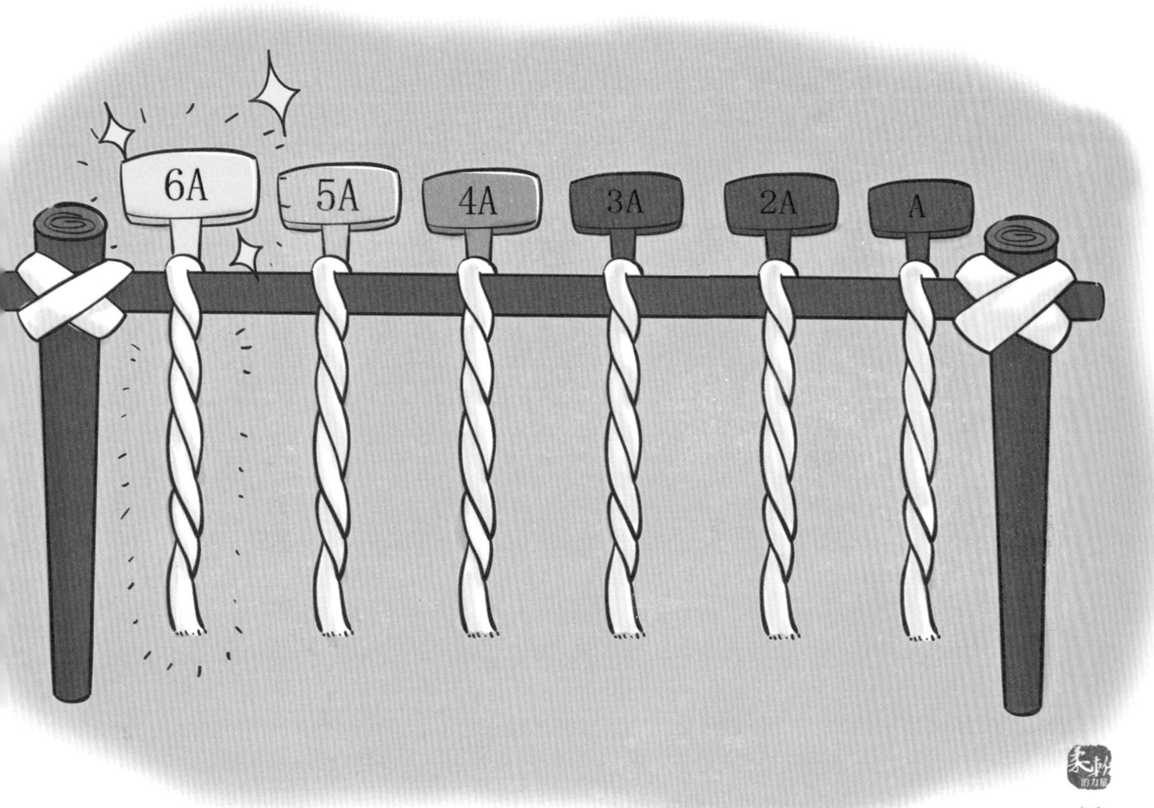

生活篇

中国是丝国，这个象征性符号的含义不仅仅是说中国是蚕桑丝绸业的发祥地，中国产丝量最多，更多的含义是古代中国人的衣食住行，生活的方方面面都离不开丝绸，蚕桑丝织活动也是古人生活的重要组成部分。通过对本篇章汉字的研究，可以发现这一点。

东 Dong

造字本义：古代男子出门远行时携带的、用丝绸包裹的行囊。

考证：早期甲骨文“东”的形状，像包囊上纵横交叉地捆绑丝带。

今义：东方，指示方位，如日出的方位；东西，表示物品。

故事：“东”与“束”（包囊）是同源字，古人将行李用一块布包扎在一根便于肩扛的木棍上，成为“囊”。根据古人的身份地位的高低，包裹行李的囊材料不同，通常官宦富贾之人家里的囊用绸布包裹。古人称男子肩扛的行囊为“东”，称女子手提的行囊为“西”。在中国的语境里，东一般指代男子，如古代皇太子住的行宫称为“东宫”，而后妃们住的称为“西宫”。

字形演变

西 Xi

造字本义：古代女子装行李的丝绸囊袋。

考证：早期甲骨文的“西”像用绳带缠绕的、装行李的囊袋。晚期甲骨文将缠绕的绳带简化成一个叉。金文的“西”则画出了袋子的提手的“人”。

今义：表示方向，太阳落山的一边，与“东”相对。

故事：古代官宦富贾之人家里的囊通常用丝绸缝制。一般称男子肩扛的行囊为“东”，女子手提的行囊为“西”。因此有一种说法，“东西”一词就是这样演变而来的。

关于“东西”的由来，还有另外几种很有趣的说法，说是东汉时期，有东西两京，到东京买货物叫买“东”，到西京购货物叫买“西”，久而久之“东西”便成了货物的代名词。宋代著名理学家朱熹，在街头遇上好友盛温和，盛手提一竹篮子说自己急着去店铺，回头约朱到家长叙，朱望盛手中竹篮问：“贤弟手提竹篮何用？”盛答：“装东西”，朱问：“不能装南北吗？”盛答：“不可，东方属木，西方属金，竹篮子装得，南方属火，北方属水，竹篮子何装？”后世也据此说，买货物称买东西。

字形演变

甲骨文	金文	篆文	隶书	繁体	简体
			西	西	西

绰 Chuo

造字本义：长可拖地的丝绸仕女服饰。

考证：金文的“绰”,左边为“糸”字，指“丝绸服饰”，右边“卓”意为“高”，转义为“一人高”，联合起来表示“长可拖地的女子服饰”。

今义：绰绰有余，表示多、长，有富余的意思。

故事：绰的本义是长可拖地的丝绸仕女服饰，有点类似于我们现在有着长长后摆的婚纱。这种服饰精致、华贵，穿着走动时，妇女的姿态更为优雅迷人。一般只有贵族妇女才能穿得起这样的服饰，因为这种服饰所耗费的面料是平常衣物的几倍，只有贵族人家才有实力做得起；另一方面贵族妇女凡事皆有人侍奉，不用劳作，也无需考虑服饰的实用性，所以她们可以极尽奢华，尽善尽美。后人取这种服饰后摆很长和穿服饰之人经济富裕这两种特征，将绰字引申为长、多，有富余的意思。

■ 字形演变

金文	篆文	隶书	繁体	简体
		綽	綽	绰

绩 Ji

造字本义：用丝绳串绑捡到的贝壳。

考证：金文的“绩”,左边为一串丝绳的形状，右边含一“贝”字，表示用丝绳将贝壳串联起来。在人类早期的经济活动中，一种名为货贝的贝壳，以其坚固耐磨、光洁美丽和具有自然单位的特点，充当了商品交换的媒介，这即是最原始的货币。为了易于携带和归纳统计，一般用丝绳将贝壳串联起来。

今义：功绩、成绩，表示取得的成就。

故事：在货币史上，用贝壳当货币流通时间较长，使用更广，世界上许多民族都有用贝壳充当货币的历史。600年前，伟大的航海家郑和下西洋时，船队到达印度洋的岛国马尔代夫，当时叫溜山国。据随行的巩珍在所著《西洋番国志》记载，当地的商业贸易以银币交易，但是有意思的是，这里却供应外国通行的货币贝壳。原来马尔代夫的许多珊瑚岛礁盛产一种贝壳，当地人采集贝壳，堆积如山，待贝壳里面的肉腐烂后，将贝壳洗净，然后贩卖给暹罗(今泰国)、榜葛剌国(今孟加拉)等国作为市面上流通的货币。

■ 字形演变

绔 Ku

造字本义：一种丝绸缝制的裤子，裆比较大，类似今天的哈伦裤。

考证：篆文的“绔”,左边为“丝”旁，右边为一裤裆比较大的裤子的形状。《说文解字》云：“绔，胫衣也。”

今义：纨绔子弟，比喻游手好闲、不学无术的富家子弟。

故事：从出土文物和传世文献来看，早在春秋战国时期，人们已穿着裤子，而且这种贴身的裤子多为丝绸所织，所以它在古代写作“绔”。不过那时的裤子可不分男女，而是都只有两只裤腿，无腰无裆（也可说是无腰开裆），穿时只套在胫上（膝盖以下的小腿部分），古人又称之为“胫衣”。因其只有两只裤管，所以，裤的计数与鞋袜相同，都以“双”字来计。穿这种裤子，其目的是为了遮护胫部，尤其是在冬季，可起到保暖的作用。当然，穿着这样的裤子，如果外面不用其他服饰加以遮掩的话，那就有点不文明了。所以，古人在袴的外面，往往着有一条似腰裙的服饰，这就是裳。可见，那时古人用于遮羞的并不是裤子，而是衣裳。

■ 字形演变

篆文	隶书	繁体	简体
絝	絝	絝	绔

纽 Niu

造字本义：古代贵族衣服上用丝线缠绕的能解开的结，是纽扣的雏形。

考证：篆文的“纽”，左边为“丝”旁，右边为“丑”字形，是一个没封口的结，且留出一线头，说明是可以解开的结。《楚辞·九叹》：“申诚信而罔违兮，情素洁于纽帛。” 直接道出了“纽”的材质便是丝绸。《说文解字》云：“缔者，结不解也。其可解者曰纽。”

今义：纽扣、纽带，表示镶接、连接的意思。

故事：纽扣是人类常相伴守的生活服装用品。对它的使用，已经有六千多年的历史。早在公元四千年前，伊朗的祖先波斯人，就已经用石块做成纽扣使用。我国周代已开始采用上衣下裳制。不论男女都穿着上衣下裳的两截衣服。朝内有专管制作礼服的官员，文武百官做大典时，必须穿着礼服。当时对服装的使用比较规范，服装制度也相当完备。周朝反映周王朝礼仪的《周礼》、《礼记》等书中出现了“纽”字，“纽”是相互交结的纽结，也就是扣结。

■ 字形演变

篆文	隶书	繁体	简体
紐	紐	紐	纽

缓 Huan

造字本义：宽衣解带，放松一下，衣带皆为丝绸所制。

考证：篆文的“缓”，左边“丝”旁及上面的图形表示衣带垂、落下的意思，右边的“爰”字表示慢下来、停下来、解困的意思。《战国策·卫策》中有云：“夫人于事己者过急,于事人者过缓。”

今义：缓慢，表示慢；舒缓表示放松、松弛。

故事：缓的本义是古人某种生活状态的写照，累了、乏了，宽衣解带休息一下、放松一下。到节奏紧张的现代，缓也逐渐成为现代人追求的一种生活态度，放缓劳命奔波的脚步，停下来审视自我的内心世界，细细品味世间万物的真谛。

■ 字形演变

篆文	隶书	繁体	简体
緩	緩	緩	缓

缴 Jiao

造字本义：用于交纳税负的生丝线。

考证：篆文的缴，左边为“丝”旁，右边一个人举着一团生丝线，交给另外一有身份的人。古代丝织品作为税币的一种，需要上交国库。另有《说文解字》云：“缴，生丝缕也。”

今义：缴纳，表示上交税负。

故事：隋唐时代，南北统一，丝绸产销繁荣兴盛，官府征收的贡赋捐税，实行租庸调度制，一般能以绢帛来折纳。宋代继承唐制，以绢代钱的做法仍未改变，绢帛成为统治阶级大量需要的重要物资。尽管丝绸生产发展较快，但人民对税捐事物的负担苛重，如夏税绢、身丁绢和买绢等。

■ 字形演变

篆文	隶书	繁体	简体
繳	繳	繳	缴

纪 Ji

造字本义：在丝绳子上系圈、打结，用以记数和记事，标明物品的归属；强调用丝绳打结作记号。

考证：金文的“纪”，就像一根丝绳缠绕绑扎的样子，《淮南子·泰族训》：“茧之性为丝，然非得工女煮以热汤而抽其统纪，则不能成丝。”意思是说，蚕茧抽出来的丝，只有经过热汤煮过后，把它的头绪抽出来，才能缫成丝线。把这些丝线进行打结、系圈，就可以记数、记事。

今义：纪事，表示记事；纪律、纲纪，表示一种有约束行为作用的条框。

故事：纪字源于丝绸，本义是用丝绳结绳记事，后来“纪”字逐渐演变为一种记载历史的体裁，如本纪。本纪是东亚纪传体史书中帝王传记的专用名词，始于司马迁的《史记》。在该书中，历代的帝王传记称为“XX本纪”，不过也有例外，如吕雉不是皇帝，但其传记也称本纪。另外项羽也是无皇帝之实，却列本纪，主要是因为司马迁认为其在当时有如同皇帝般的领导力。

■ 字形演变

累

Lei

造字本义：用丝绳打结计数 、计事 、备忘 、统计。

考证：篆文的“累”字，下半部分为“系”,表示丝绳，上半部分的三个“田”字形，表示许多绳结。

今义：积累、累计，表示重复的计数。

故事：结绳记事是文字发明前，人们所使用的一种记事方法。即在一条绳子上打结，用以记事。上古时期的中国及秘鲁印地安人皆有此习惯，即到近代，一些没有文字的民族，仍然采用结绳记事来传播信息。其结绳方法，据古书记载为：“事大，大结其绳；事小，小结其绳,之多少，随物众寡”。

■ 字形演变

篆文	隶书	繁体	简体
纍	纍	纍	累

系 Ji

造字本义：在丝绳上打结纪事。

考证：甲骨文的“系”形状就是一根总绳上有三根结绳记事的绳子，上方一只交叉的形状表示手，寓意结绳动作；每根丝线子上都打了若干个结，表示不同主题的纪录 。

今义：表示打结，如系鞋带、系围巾等。

故事：古人为了要记住一件事，就在绳子上打一个结。以后看到这个结，他就会想起那件事。如果要记住两件事，他就打两个结。记三件事，他就打三个结，如此等等。如果他在绳子上打了很多结，恐怕他想记的事情也就记不住了，所以这个办法虽简单但不可靠。据说波斯王大流士出征塞西亚人之前给他的指挥官们一根打了60个结的绳子，并对他们说：“爱奥尼亚的男子汉们，从你们看见我出征塞西亚人那天起，每天解开绳子上的一个结，到解完最后一个结那天，要是我不回来，就收拾你们的东西，自己开船回去。”

■ 字形演变

甲骨文	金文	篆文	隶书	繁体	简体
			系	系	系

132

终

Zhong

造字本义：一个结绳纪事主题的完成。

考证：甲骨文像绳子两端的绳结，表示结绳纪事，从始至终。古代绳索多为丝绸所制，所以篆文的“终”特加“丝” 加以说明。

今义：形容结束、完结的意思，如终结、终于。

故事：在篆文中可明确看出，在当时丝线便成为了人们用来做为总结、终结、记事的最常用的工具。较于现代我们还可以从20世纪50-60年代的集体所有制中的“算公分”,可以看到这一记事方式的普及。

字形演变

甲骨文	金文	篆文	隶书	繁体	简体

Suo

缩

造字本义：丝绸的衣物因陈旧而变短、变紧。

考证：篆文的“缩”，左边为“丝”旁，右边为“宿”，既是声旁也是形旁，表示过去的、旧的。

今义：形容事物由大变小，由长变短。

故事：纺丝的过程中，由于人为拉扯，丝线会拉伸得较长。洗涤时浸丝绸在水中，丝线有恢复的趋势，所以丝绸织物会有缩水特性。因此丝绸服装不宜长时间泡在水里，洗后熨烫可以帮助丝绸恢复原状，可以半干时用低温熨斗熨，千万不要用高温。因蚕丝的保护层是丝胶、丝素和矿物质等成分，故丝绸不宜常洗。

■ 字形演变

篆文	隶书	繁体	简体
縮	縮	縮	缩

经 Jing

造字本义：纺织机上等列布设的纵向的绷紧的丝线，以供纬线穿梭交织。

考证：金文的“经”,左边为“丝”旁，右边的上半部分像三条纵向的丝线系在织机上，下半部的“工”字形表示牵引丝线的工具。

今义：经纬，表示纵向的线；经书，佛教阐释佛理的书。

故事：花纹再华丽、构造再复杂的织物也是由经线、纬线作为基础织造而成，因此古人将经纬引申为规划事物、构造宏伟事物的本质和基础。比如形容人的才华为“经天纬地之才”，意思是有规划天地，治理天下的经世之才。后人也直接将为度量地球方便而假设出来的辅助线，称为经线、纬线。

■ 字形演变

金文	篆文	隶书	繁体	简体
經	經	經	經	经

纬 Wei

造字本义：织布时用梭子穿织的横纱，编织物的横线，与“经”相对。

考证：篆文的“纬”左边为“丝”，右边表示在织机上横向来回穿梭的线，《说文解字》云：“纬，织横丝也。”

今义：表示横向的线，纵向的为经。

故事：经线、纬线本是织布时纵横交错的线，现代人根据这一特征，将为了在地球上确定位置和方向，在地球仪和地图上画出来的线也称为经线和纬线。地面上并没有画着经纬线。不过，你想要看到你所在地方的经线并不难：立一根竹竿在地上，当中午太阳升得最高的时候，竹竿的阴影就是你所在地方的经线。因为经线指示南北方向，所以，经线又叫子午线，0°纬线也叫做赤道。

■ 字形演变

篆文	隶书	繁体	简体
緯	緯	緯	纬

Wen
紊

造字本义：丝线交错、纷乱。

考证：甲骨文的“紊”字，字形十分明了直白，上半部分表示交错、交叉，下半部分为丝线。

今义：错乱、交错，如紊乱。

故事：“文”指事物错综所造成的纹理或形象，许慎《说文解字》把“文”解释为“错画也”，意思是“对事物形象进行整体素描，笔画交错，相联相络，不可解构”。“糸”在“文”之下，表示丝线交错复杂，看起来错综混乱。

■ 字形演变

甲骨文	篆文	隶书	繁体	简体
		紊	紊	紊

乐 Yue Le

造字本义：用丝线与木头制成的，通过规律地拨弄，能发出有秩序的声音的器物。

考证：甲骨文的“乐”字就像系着丝弦的木制演奏用具。早期金文承续甲骨文字形。晚期金文加“白”字，强调弹唱关系。

今义：音乐，有规律的、动听的声音。乐器，能发出有规律的、动听声音的器物；快乐，表示情绪十分愉悦。

故事：人类早期，还没有能力和技术制作金属工具，更不说将金属拉成线状做琴弦，因此最早的类似于今天古琴、古筝等乐器的琴弦都是由丝线做成。丝线所做的琴弦声音较轻、而且容易跑音，后出现金属丝后，人们就放弃了用丝线做琴弦。但是直到今天，人们仍把江南的乐器统称为“丝竹”，丝指的就是古琴、古筝、二胡、琵琶等有弦的乐器，竹则是竹笛、洞箫等。

字形演变

甲骨文　金文　篆文　隶书　繁体　简体

装饰篇

爱美之心是人类的天性，通过对本篇章文字的研究可以发现，即使是在物质、技术条件极为匮乏的远古洪荒时期，人类的爱美天性在丝绸上展现得淋漓尽致。他们将丝绸染成各种颜色，为丝绸织绣上花纹，美化生活、装点心灵的同时也点缀了我们的历史。

Cai

彩

造字本义：多种颜色的丝绸聚集在一起称为彩。

考证：篆文的“彩”,左边为“采”，既是声旁也是形旁，表示摘集、聚集。右边的三撇，除了表示散发光芒的意思。“彡”还是“三”的变形，表示“多”。“杂彩三百匹,交广市鲑珍。”——《玉台新咏古诗为焦仲卿妻作》。

今义：彩色、彩虹，表示多种颜色交织在一起。

故事：万事利的“彩”系列作为一种标识物，承载爱与精彩。它是一种多用巾，可作为围脖、头巾、帽子、发带、护腕、领巾、 配饰等有多种佩戴形式，男士出席正式场合可作为西装口袋的配饰使用。

2010年广州亚运会，来自杭州的企业万事利集团作为唯一丝绸特许生产商,创意设计了新时代志愿者标识物“志愿彩”,一举开创“彩”文化。从此“彩”气势如虹，在华夏大地经由万事利丝绸遍地开花。

清华百年校庆的“清华彩”、长江商学院的“三亚彩”、洛阳牡丹节的“牡丹彩”、浙江日报集团的“浙报彩”、工商大学百年校庆的“商大彩”相继诞生。“爱心彩”，感动生命，喝彩残运。万事利“彩”传天下，传递的是爱与精彩，传递的是丝绸的华“彩”。

■ 字形演变

篆书	隶书	繁体	简体
彩	彩	彩	彩

绚 Xuan

造字本义：阳光照在丝绸上折射出的光辉。

考证：篆文的“绚”，左边为“丝”旁，表示和丝绸有关系，右边中间为一个“日”字，表示太阳光，周遭一圈，表示太阳光照在丝绸上折射出的光晕。

今义：形容词，美丽，漂亮有文采的样子。

故事：绚本义是描述阳光照在丝绸上折射出的迷人的光泽，描述的是一种张扬的视觉美，后引申为形容写文章词藻华丽，苏东坡的《与侄书》中写道“凡文字，少小时须令气象峥嵘，彩色绚烂。渐老渐熟，乃造平淡。其实不是平淡，绚烂之极也。”与绚烂相对应的是平淡，这是两种美学意境，美学家宗白华曾经有一句名言“绚烂之极归于平淡”，讲述的是绚烂是美，平淡也是真。

■ 字形演变

篆文	隶书	繁体	简体
絢	絢	絢	绚

缘 Yuan

造字本义：为了保护和美化丝巾而缝锁的花边。

考证：篆文的“缘”字，左边为“丝”旁，表示和丝绸的关系，右边是将丝巾固定在工字形架子上，然后不断缝锁边缘的场景。

今义：一方面表示事物的边沿，如边缘。另一方面也指人与人之间命中注定的遇合机会，泛指人与人或人与事物之间发生联系的可能性，如缘分、机缘、因缘。

故事：缘本意为丝巾的花边，这种花边一方面是缝锁住丝巾的边沿，不让丝线拉毛，另一方面也起到美化的作用。后来逐渐引申为美好和连接，形容人们之间的机缘，和美好的际遇，多见于佛教语境中，如因缘一词，佛教认为一切事物均处于因果联系中，前者逝去，后者生起，因因果果，没有间断。又有《红楼梦》第三六回，宝玉知道了龄官与贾蔷的情事，自此深悟“人生情缘，各有分定”。全联借佛教术语说人生哲理，通过前后句对比，突出“缘”的权威，从而暗寓感慨，表达人与人之间风云际会的偶然和难得，并以之对人间无缘得识或失之交臂的惆怅与有幸结识或天缘巧合的欢乐，作心安理得的自我慰藉，虽为常人习用的旧话，依然不失为一联机锋闪烁的格言。

■ 字形演变

篆文	隶书	繁体	简体
緣	緣	緣	缘

Xiu

绣

造字本义：用五彩的丝线，在丝帛上千针万孔地穿透、拼成图案 。

考证：绣字左边为绞丝旁，表示与丝有关。右边的字形，表示刺绣时双手在固定布帛的框架的上下两端。《说文解字》云：“绣,五采备也。”

今义：绣花、刺绣，用针将丝线或其他纤维、纱线以一定图案和色彩在绣料上穿刺，以缝迹构成花纹的装饰织物。

故事：刺绣起源很早。黼黻絺绣 对凤对龙纹绣浅绢面衾之文，见于尚书。虞舜之时，已有刺绣。东周已设官专司其职，至汉已有宫廷刺绣。三国吴孙权使赵夫人绣山川地势军阵图；唐永贞元年(公元805年)，卢眉娘以法华经七卷，绣于尺绢之上，因刺绣闻名，见于前者著录。自汉以来，刺绣逐渐成为闺中绝艺，有名刺绣家在美术史上也占了一席之地。中国刺绣主要有苏绣、湘绣、蜀绣和粤绣四大门类。刺绣的技法有：错针绣、乱针绣、网绣、满地绣、锁丝、纳丝、纳锦、平金、影金、盘金、铺绒、刮绒、戳纱、洒线、挑花等等。

字形演变

缂 Ke

造字本义：通过通经断（回）纬的方式制造的平纹或其他组织的特种丝织品。

考证：篆文的“缂”字，左边为“丝”旁，右边上半部分表示织机，下半部分的图形，中间为一个“戈”把织物上横着的纬线截断。

今义：缂丝，一种通经断纬的丝织技艺。

故事：缂丝，又称刻丝，是中国最传统的一种“挑经显纬”的装饰性丝织品，有文人赞誉是“雕刻了的丝绸”。缂丝是中国丝绸传统工艺之中最早的提花工艺之一。宋元以来一直是皇家御用织物，常用以织造帝后服饰、御容像和摹缂名人书画。因织造过程极其细致，摹缂常胜于原作，而存世精品又极为稀少，是当今织绣收藏、拍卖的亮点。常有“一寸缂丝一寸金”和“织中之圣”的盛名。

■ 字形演变

篆文	隶书	繁体	简体
緯	緯	緯	纬

纹 Wen

造字本义：丝织品上织绣的花纹。

考证：篆文的“纹”，左边为“丝”，右边为一交叉的纹路上覆盖着某种图样。

今义：物体表面的肌理、纹样。

故事：自古以来，我国的装饰纹样，多含有一定的寓意，如彩陶上的花纹图案，有许多是与古代的图腾意识相联系。又如青铜器上的各种动物纹样，也多反映了当时人们一定的思想、意志和情趣。宋、元、明、清的各种花鸟纹，亦多具有一定的寓意。有的象征吉庆，有的表示昌茂繁荣，大多含蕴丰富。

■ 字形演变

篆文　隶书　繁体　简体

红 Hong

造字本义：染成浅赤色的高级丝帛。

考证：篆文的“红”,左边为“丝”旁，右边的工，既是声旁也是形旁，表示精致。《说文解字》云：“红,帛赤白色也。”

今义：红，表示颜色，是富贵吉祥的代表色。

故事：一些表示色彩的基础词语，如绿、绯、紫、红、绛等，在古代最初产生于丝绸印染的过程中。红在造字之初的完整意思是：浅赤色的高级丝绸。随着词义的不断扩张，“红”逐渐由名词演变为形容词，现统称一切红色。由于红色鲜艳绚烂，魅力非凡，自古就是富贵吉祥的代表。此外红还可以读成“gong”，这个读音的“红”也与丝绸相关，人们将古代妇女所从事的缝制、刺绣丝绸服饰的工作称为“女红”。

■ 字形演变

篆文	隶书	繁体	简体
紅	紅	紅	红

绛 Jiang

造字本义：暗红或深红色的丝帛。

考证：《广雅》云："纁谓之绛。凡九旗之帛皆用绛。"（纁，即为暗红色）

今义：绛唇、绛衣，表示一种类似大红色的颜色。

故事：绛本是一种大红色的丝帛，后来直接演变为颜色，绛色就是俗称"中国红"的颜色，是中华民族最喜爱的颜色，甚至成为中国人的文化图腾和精神皈依。其渊源追溯到古代对日神虔诚的膜拜。汉代时日为国家图腾，因太阳之色为红黑双色，故而推崇玄瑞。太阳象征永恒、光明、生机、繁盛、温暖和希望，自然红色也就拥有了太阳的象征意义，流传至今。

■ 字形演变

篆文	隶书	繁体	简体
絳	絳	絳	绛

绯 Fei

造字本义：深红色的丝帛。

考证：篆文的“绯”，左边为“丝”旁，右边的“非”表示不同一般的丝织物。《说文新附》阐释：“绯，帛赤色也。”

今义：红色的意思，比较迷人的红色，如绯红。

故事：绯的本义是深颜色的丝帛，后来直接引申为颜色的名词。古代官员的职位不同，官服的颜色也不一样，从唐代开始是：三品以上紫袍，佩金鱼袋；五品以上绯（大红）袍，佩银鱼袋；六品以下绿袍，无鱼袋。官吏有职务高而品级低的，仍须按照原品服色。如任宰相而不到三品的，其官衔中必带赐紫金鱼袋；州的长官刺史，亦不拘品级都穿绯袍。这种服色制度，到清代才完全废除，只在帽顶及补服上分别出品级。简言之，清代公服原则上都是蓝色，只在庆典时可以用绛色；外褂平时都是红青色，素服时改用黑色。

■ 字形演变

篆文	隶书	繁体	简体
緋	緋	緋	绯

绿 Lu

造字本义：被染成井水色即青中带黄的丝帛。

考证：篆文的“绿”，左边为“丝”旁，右边的“彖”，既是声旁也是形旁，是“录”的误写，表示井水。《说文解字》：“绿，帛青黄色也。”

今义：表示颜色，绿色、绿叶等。

故事：新石器时代的古人染衣服，最早是矿物颜料，矿物颜料其实就是矿石粉，比如含有硫酸铜成分的孔雀石，就是蓝色、绿色面料的主要颜料。

到了周代以后，植物染料逐渐普及，朝中还设有专门的掌管染料的官职“染人”，相当于现在的公务员，这个阶段就有了绿色植物染料了。最常见的还是用蓝色和黄色拼混而成绿色。比如至今还在民族工艺品中应用的扎染、蜡染布料的靛蓝。加上石榴皮（栎皮黄素），或者 栀子花（栀子黄素）、黄檗（小檗碱）这些黄色植物染料，就染成了绿色。当然还可以通过任何一种黄色植物染料，去络合铜离子，利用铜离子的蓝色加黄色，形成绿色。

■ 字形演变

篆文	隶书	繁体	简体
綠	綠	綠	绿

紫 Zi

造字本义：拖地遮足的赤青色的丝绸皇袍。

考证：金文的“紫”，左边为“丝”旁，右边是一个人，后面还拖着很长一块丝帛。《说文》云：“紫，帛黑赤色也。”在古代，红色象征富贵和喜庆，紫色象征皇权和贵族身份。

今义：表示颜色，近乎于红色与蓝色之间的颜色。

故事：在中国传统里，紫色是尊贵的颜色，北京故宫又称为“紫禁城”，亦有所谓“紫气东来”。受此影响，如今日本王室仍尊崇紫色。这源于中国古代对北极星的崇拜，因为北极星又称为紫微星，号称斗数之主。古来的研究者都把紫微星当成帝星，命宫主星是紫微的人就是帝王之相。所以古代帝王为彰显身份，皇袍常用紫色，而平常人是不允许穿紫色服饰的。《左传》中有记载说：有人不讲礼仪，在狐裘袍子里穿了紫色衣衫，去外吃酒席，不小心，袍子没有合严，露出了内里的紫衣，在场的皇太子当场赶他离开，几天后，罗列了三个罪名把这人杀了。

■ 字形演变

缇 Ti

造字本义：红黄色，橘红色的帛，一般为古代骑兵所穿。

考证：《说文解字》云：“缇，帛丹黄色。”

今义：橘红色。

故事：在秦朝时，设中尉，将丝织物浸在橘红色的燃料中进行染色，来做成贴身骑兵的军服，到汉武帝时期，更名为执金吾，以其为著橘红色衣装的骑兵，故称之缇骑，并以这种丝质的军服来区别军职，只有上等骑兵才可穿戴。

■ 字形演变

篆文	隶书	繁体	简体
緹	緹	緹	缇

帜 Zhi

造字本义：绸布制成的旗子，以某种颜色和图案作为特殊标识或象征。

考证：篆文的“帜”，左边为“巾”字，表示方块的丝绸，右边的字形表示标志、标识的意思。《说文新附》云：帜，旌旗之属。

今义：名词，上面有标志的绸布制成的旗子。

故事：在丝绸之路开通前，古安息国占据着亚欧大陆的瓶颈位置，得天独厚的地理机缘让古安息人阻断了东西方交流的通道，他们以中间人的身份，向过往的商人牟取暴利，并阻断双方的直接交流。在公元前54年，罗马人终于向安息人宣战。当罗马人进攻即将取得胜利的时候，节节败退的安息军队采用了一种特殊的作战方式，他们展示出绚烂夺目、五颜六色的丝绸旗帜。安息人把丝绸做军旗晃动，阳光照射下，使罗马军队眼花缭乱，军心涣散。而那时的罗马人从来没有见过这样柔软、飘逸、绚烂的东西，还以为是安息军队使用的一种新式武器，以至在这次战斗中惨败。在西方史学家中眼里这是古罗马人第一次见到丝绸。

■ 字形演变

篆文	隶书	繁体	简体
幟	幟	幟	帜

幌 Huang

造字本义：表示遮住耀眼的光线的丝织帘子。

考证：“巾”即丝缕下垂的织物，“晃”即明亮，日光强烈耀眼的意思，二者结合，就是表示用于遮挡光线的丝质帷幔，《玉篇》中对“幌”的解释：帷幔也。

今义：帐幔，帘帷，窗帘，指用于遮挡光线、视线的幔子。

故事：自古以来中国就有了窗，有了窗就有人想到应该要有东西把窗给遮住，于是就有了窗帘。起先人们没有布也没有纸，他们用树叶当窗帘. 后来在人们有了布，也就是有了丝绸之后，皇族和贵族这些有权有势的人们就用丝绸当窗帘了，再后来蔡伦发明改进了造纸术之后，大多数普通人家可以用纸当窗帘了。于是在中国就有了剪纸艺术，窗帘上的剪纸艺术就被发扬和流传下来了。

■ 字形演变

篆文	隶书	繁体	简体
𢅏	幌	幌	幌

幡 Fan

造字本义：用竹竿等挑起来直着挂的长条形丝绸旗子。

考证：“巾”即丝缕下垂的布制佩饰物，“番”的结构为“釆”加“田”。“釆”意为“兽足”，“釆”与“田”联合起来表示“田地上的兽足迹”。整合起来，意思为:用竹竿等挑起来直着挂的长条形旗子,起到标志和震慑作用。古代旗子最先多用丝绸制成，因此“幡”隶属“巾”字部。

今义：幡，旗帜的一种；幡然醒悟，表示得到什么警示、震慑、点拨，瞬间明白过来的意思。

故事：“幡”在佛教中是旌旗的总称。佛教认为供养幡可得菩提及其功德，故寺院、道场常加使用,因而成为庄严之法具。幡按照材质不同有不同的名称,如平幡（平绢所制者）、丝幡（束丝所制者）。

■ 字形演变

篆文	隶书	繁体	简体
旛	幡	幡	幡

幢

Chuang

造字本义：造字本义：古代用于仪仗的一种丝绸旗帜，旗杆上嵌着尖利的金属头。

考证：篆文的“幢”,左边为“巾”，表示有丝缕下垂的块状丝绸，右边的“童”字形，表示一根竖立的竿子上悬挂着片状的丝绸，竿子的上头是尖尖的形状。

今义：一方面的意思是佛教中用来书写佛号或经咒的丝绸，另外也作为量词，如表示住址的几幢几单元等。

故事：幢在军队中和在佛教中用料和工艺各不相同，丝绸的成分和质量有所区别。佛教中书写佛号或经咒于帛上者称经幢。汉传佛教的经幢一般仅用于庄严佛殿，用绸布做成圆桶状，上面刺绣花纹或经、咒；藏传佛教的经幢多在佛殿内，用绸缎制作五彩幢，较大者，直径可达1米左右，绚丽而壮观。由于幢在古代多指旗帜、旌旗，于是后来也引申为古代军队编制单位。

■ 字形演变

篆文	隶书	繁体	简体
幢	幢	幢	幢

帼 Guo

造字本义：古代妇女用以遮阳、挡尘的丝织头巾。

考证：“巾”指丝缕下垂的丝麻织佩饰物，国，既是声旁也是形旁，围护。

今义：巾帼，借指妇女，一般用于褒奖妇女的意思，比如巾帼不让须眉等。

故事：因古代富贵人家女子多用丝织头巾系于发上遮阳、挡尘，后渐渐扩展到布制头巾等材料，“帼”则意义拓展到古代妇女的头巾（不限材料）、头饰等意思；如《晋书·宣帝纪》：“亮（诸葛亮）数挑战，帝（司马懿）不出，因遗帝巾帼妇人之饰。”后也借指妇女。

■ 字形演变

篆文	隶书	繁体	简体
幗	幗	幗	帼

纷 Fen

造字本义：装饰丝绸旗帜的众多游丝迎风飘散的场景。

考证：篆文的“纷”，左边是“丝”旁，右边“分”，既是声旁也是形旁，表示散开。

今义：缤纷，形容某些细碎的事物飘飘然、美丽的样子。纷争，表示杂乱的意思。

故事：古代大军出征或者皇帝外出时，所用的旗帜精美华贵，上面有很多丝绸装饰的小飘带或流苏作为点缀。这些丝带在阳光下迎风飘扬，衬托的旗帜典雅而华贵，远远看去颜色艳丽，绚烂缤纷，故称之为“纷”。纷本是描述丝绸旗帜上的游丝和流苏随风飘摆的场景，古人察觉游丝和流苏飘动时随意、不受拘束，方向不一，动态不一，取这一特征，后将纷字引申为纷乱、纷扰，用以形容事物比较杂乱、没有秩序的状态。

■ 字形演变

篆文	隶书	繁体	简体
	紛	紛	纷

给 Gei

造字本义：将礼盒用红绸系扎敬献。

考证：金文的“给”字，左边是“丝“旁，右边下半部分的方块形表示礼盒，上半部分表示系扎着丝绸。

今义：动词，一方把物品传递给另外一方称为给，比如给予。

故事：古人在送礼方面是非常有讲究的，他们常选用一些代表着吉祥、富贵、幸福、美好祝福的物品作为礼物，比如上等丝绸。而且礼物不能直接暴露在外面，必须含蓄而有意味，所以礼品一般都用盒子装起来，但是用盒子装起来，显得不太美观，会感觉拿不出手，因此古人都会在盒子的外面用红丝绸系扎成漂亮的形状做巧妙的装饰，收礼之人看到如此漂亮的包装，更会对盒子里面的礼物充满期待，可以说对于我们当下十分流行的包装文化和营销心理学，我们智慧的先人早就深谙其中的精髓和奥妙了。

■ 字形演变

金文	篆文	隶书	繁体	简体
給	給	給	給	给

跋

柔软的力量之字说丝绸

有一种力量叫文字的力量，相传仓颉造字成功，天地异动，“造化不能藏其秘，故天雨粟，灵怪不能遁其形，故鬼夜哭”。说的是人类有了文字之后，天地造化的奥妙、神灵鬼怪的形状都可以用文字描述出来并传播，因此它们不再是神秘而不可及的，所以天上竟然下粟米，灵怪半夜啼哭。可以说汉字是中华民族文化最重要的表达，也是五千年中华民族生活的总结。

有一种力量叫丝绸的力量，汲取天地之灵长，日月之精华，承载一代又一代人类的智慧，在漫长的历史长河之中，无论人间的悲欢离合、爱恨情仇如何演绎，它始终以礼仪感召四方，纵横九万里，谱写了一曲大爱无言的文明之歌！

文字的力量和丝绸的力量都是一种大音希声、大象无形的柔软力量，而且两者之间的渊源自古有之，一片传世的甲骨上就有一百多个与丝绸相关的文字。对汉字和丝绸的了解愈深，就愈加痴迷于两者柔软的力量的精妙。于是决心编译一书，以阐释汉字与丝绸的渊源关系，让中华文明中影响力最深、最具代表的两种文化以一个整体的方式得以传达，于是便有了《柔软的力量之字说丝绸》。

《柔软的力量之字说丝绸》是我主持编辑的“柔软的力量”系列丛书第二本，本书筹划编辑历时一年多，全书共收录近百个与丝绸相关并且现代人运用较为普遍的汉字，分别对其字形演变、造字本义、以及造字本义的考证、今义、字的故事等几个方面进行了阐释。每一个文字都经过认真考证，参考了象形字典、康熙字典、《说文解字》以及众多丝绸专业书籍。全书分为五个篇章，礼仪篇、动态篇、品类篇、生活篇、装饰篇，篇章与篇章中间穿插5个脍炙人口的丝绸故事，分别讲述了蚕丝起源、丝绸起源、丝绸贸易、丝绸与西方人的生活以及丝绸技术西传的故事。

文字破译和丝绸专业知识本是枯燥难懂，所以每个字都尽量以最通俗的方式阐释，由古及今，并配以生动诙谐的插画，力求全书能以符合现代人阅读习惯的方式得以呈现，成效如何，还请读者雅正。

此书的编撰工作得到了众多专家、学者以及同事们的倾力支持，资深媒体人、时事评论家曹景行老师更是亲自为本书作序，感激之情，无以言表。人的一生何其短也，丝绸文化的历史何其长也，只愿能以有限之人生，探索无限之丝绸文化，为中华丝绸文化的传承与发扬略尽绵薄之力。

图书在版编目（CIP）数据
柔软的力量/李建华著. 一 上海：上海文化出版社，2012.6
ISBN 978-7-80740-906-9
Ⅰ.①柔… Ⅱ.①李… Ⅲ.①丝绸－文化史－中国Ⅳ.①TS14-092
中国版本图书馆CIP数据核字(2012)第131952号

主编
李建华

副主编
余志伟

责任编辑
吴志刚

书名
柔软的力量·字说丝绸

出版发行
上海文化出版社
地址：上海市绍兴路74号
网址：www.shwenyi.com
邮编：200020

印刷
杭州武林印刷有限公司
开本
787×1092 1/16
印张
10.125
版次
2012年6月第1版　2012年6月第1次印刷

国际书号
ISBN 978-7-80740-906-9/K·313

定价
68.00元（总定价：128元）

告读者本书如有质量问题请联系印刷厂质量科
T：0571-87065434